# 入門 R による予測モデリング

## 機械学習を用いたリスク管理のために

岩沢宏和・平松雄司 著

東京図書

# まえがき

本書では，リスクを扱う際の統計モデリングの基本作法を紹介します．本書でいうリスクとは，「不確定」かつ「避けたい」もののことであり，保険会社や証券会社を含む金融機関が直接に専門的に扱っているものが典型です．そうしたリスクを，データサイエンスの発達した現代においてどのように統計的に扱うべきであるかが本書の主題です．

読者としては学生も社会人も想定していますが，前提知識につながる面でいえば，主に念頭に置いているのは，大学や大学院の学科等で確率・統計の基礎が必修となっている分野の在籍者や出身者，ないし，確率・統計に関して同等の知識を有している方々です．そうした読者が実務上のデータの解析を行うために知っておくべき基本事項を，本書ではとりあげます．

データサイエンスという言葉が指す領域は曖昧です．ここでは漠然と，データ解析に関わるあらゆる分野を含む幅広い領域を指すものと考えてください．とりわけ統計科学分野と機械学習分野が代表です．その両分野の境界も曖昧ですが，よいデータ解析を実務上で行うためには，分野の境界線をどこに引くかはさほど重要ではありません．現代におけるすぐれたデータ解析の手法をすべて包含する分野が「データサイエンス」だと，ここでは理解しておいてください．

本文で詳しく述べますが，データサイエンスには，2つの文化が共存しているといわれます．「予測モデリング文化」と「生成モデリング文化」です．この2つのうちで，近年，大成功を収めているのが予測モデリング文化であり，とりわけ，この文化に根ざす機械学習分野が大いに発展しています．

このような状況下，これまでの出版物を見ると，機械学習分野における高度な専門書や，先端技術のさわりを紹介した入門書や，種々の基本技術を断片的に紹介する入門書などはたくさん出ています．その一方，これまで案外なかったのは，実務家を念頭に置いて，予測モデリングの基本作法をまとめて伝える本です．本書はその役を担いたい，と考えています．

「作法」を学ぶには理論や概念を頭で理解しているだけでは不十分です．そこで本書では，統計ソフトRを使った実践も重視します．「Rとは何か」「なぜRなのか」といったことは，次々ページの「Rについて」と題する箇所に記していますので，ご参照ください．

本書ではRを使用しますが，読者がすでにRを習得していることは前提としません．Rをまだ習得していない人にとっては，Rを学ぶこと自体も基本作法を学ぶことの実質的な一部ですので，本書では，Rの初歩的な事項も解説します．特に，Rのインストール方法を含め，R環境やR言語の初歩の解説を本書の付録に載せていますので，必要な読者は早めにそこに目を通してから本書に本格的に取り組んでもらうとよいでしょう．

本書に載せるRのコードは，プログラムとして最善であることよりも，初級者にとってのわかりやすさを重視したものとしています．そのため，実際に実行しながら取り組んでもらえれば，ほぼ自己充足的に読み進めることができるものと期待しています．ただし，本書だけでRの基本がすべて学べるわけではなく，Rに関するより実践的な技能を身に着けるには，Rそのものの入門書など，別の情報源も用いながら学んでもらう必要はあります．

筆者のうち岩沢は，保険や年金のリスク管理の専門家であるアクチュアリーの教育に長年携わってきました．アクチュアリーたちは現在，予測モデリングの基本を，国際標準として学ぶべきだとされています．そのため，岩沢は，特にこの数年間，予測モデリングの普及，教育活動に尽力してきました．本書の執筆にあたっても岩沢は，「予測モデリングの基本を学ぶとしたら何をどのように学ぶべきか」という教育上の観点を特に重視しました．

もう1人の筆者である平松は，保険数理にも通じているデータサイエンティストであり，カグルマスターという称号ももっています．カグルとは，最適な予測モデルを競い合う機械学習のコンペを主催する世界最大規模のプラットフォームであり，コンペで優秀な成績を重ねると称号が授与されるという仕組みをもっており，その称号はいまや世界的に通用するものとなっています．平松は，実践的なデータサイエンティストの立場から，本書の執筆を進めました．

このように本書は，アクチュアリーの教育者とアクチュアリー分野に通じているデータサイエンティストとの2人による共著ですが，内容的には，アクチュアリーの分野に特化したものというわけではありません．「リスクを扱うための予測モデリング」一般の基本作法を伝える本だとご理解ください．

筆者2人は，単独や共同で，本書に関連する内容の講義や講演やセミナーを数多く行ってきました．そうした機会に話したことが本書の素材になっています．それらの講義や講演を聞いてくれた方，関連する議論につきあってくれた方，一緒に調査や研究をしてくれた方，そうした方々すべてに感謝します．とりわけ，公益社団法人日本アクチュアリー会のデータサイエンスチームのメンバー，同会ASTIN関連研究会のメンバーからは，本書の中身につながる誠に多くのことを学ばせてもらいました．心よりお礼申し上げます．また，発展的な内容を扱った本書の補章は，Rパッケージ aglm の開発なしには成り立ちませんでした．同パッケージの主開発者である近藤健司氏にも深く感謝いたします．

令和元年8月

著　者

## 本書を読むにあたって

本書では，確率・統計の基礎知識（その前提として必要な微積分等の知識を含む）を前提としています．たとえば，以下の概念（互いに関連するものを近くに並べるようにはしていますが，全体としては順不同）に関する基本的な知識はもっているものと想定しています．

> 場合の数，確率，条件付確率，確率変数，確率分布，正規分布，2項分布，ポアソン分布，ガンマ分布，密度関数，確率関数，分布関数，期待値，分散，記述統計学，推測統計学，最尤法，対数尤度，最小2乗法，線形回帰モデル

「まえがき」にも述べたように，本書では（読み始めの時点では）Rに関する知識は前提としません．もし，Rを使用する環境が整っていない場合や，Rの初歩的な事項を習得していない場合は，早めの時期に，付録Aや付録Bに目を通してRの入り口について学んでから本書を読み進めることを推奨します．そもそも「Rとは何か」や「なぜRなのか」といった点については，次の「Rについて」をご覧ください．

## Rについて

本書では，多くの場面で，統計モデリングの実例を示します．また，統計モデリングそのものではない，コンピュータでの計算の実例を示す場合もあります．それらの計算を実行するためのアプリケーション・ソフト（用の言語）として，本書では一貫してRを用いることにします．「R」という語は広く，緩く使います．プログラミング言語としてのR言語を指すこともあれば，R言語を使って何らかの計算を実行する環境全体ないし一部を漠然と指すこともあります．

本書がRを用いるのは，1つには，統計解析を行う環境として非常に優れている無料のソフトだからです．また，一般的なプログラミング言語に慣れていない人でも，種々の計算や簡単な統計解析がすぐに使えるようになる点も大きいです．もちろん，統計解析のためにすでにほかのプログラミ

ング言語を学んだことがある人が習得するのはもっと簡単なので，予測モデリングの基本作法を習得するために一時的にR言語を学ぶとしても，学習負担に対する効果の大きさは十分あると思います．

さらに，かなり重要なのは，統計的学習ないし統計的機械学習とよばれる分野を含む統計科学分野では，国際的にRが共通言語として使われている，という事実です．その事実のため，統計モデリングを自らが学ぶときはもちろん，異なる組織に属する人どうしが共通の議論をするときなどにも（ふだんは両者ともR以外のソフトを使っていたとしてさえ）Rを共通言語として使用することがよくあります．また，Rの利用者たちは世界全体できわめて巨大な共同体を形成しており，利用者どうしの相互支援も大変充実しています．そのため，たとえば，Rの利用の際に何か困ったことがあっても，その問題に関連するキーワードをいくつか入れてインターネットで検索すれば，答えが容易に見つかることが非常に多いです．

R以外のソフトはどうでしょう．たとえば，SAS，SPSS，S-PLUSといった統計解析用の有料ソフトやMATLABのような数値計算用の有料ソフト，あるいは，もっと特別に作り込んだ専用のソフトなども統計モデリングには使われます．そして，そうしたソフトがすでに導入され，実際に統計解析用に使いこなされている組織に属しているのであれば，ふだんの実務では，そうしたソフトを使って統計モデリングを行うことになるでしょう．しかし，そうした有料ソフトや特別仕様のソフトは，広く共通語として位置づけるのは難しいので，本書では選択しませんでした．

予測モデリングの実装という点からすれば，汎用プログラミング言語であるPythonを選ぶ考えもありえます．Pythonも無料であり，機械学習手法を本格的に導入しようとした場合にはRよりも有利な面も少なくありません．しかしながら，良くも悪くも「汎用」プログラミング言語であるため，C言語系のもっと根本的なプログラミング言語よりは学習が容易だとしても，やはり学びはじめのハードルはRよりもかなり高いといえます．とりわけ統計解析を行おうとしたときには，Rのようにいきなり1行のコードで何かを行うといったことはできず，いろいろな準備が必要で面倒であり，実のところ，簡単な事例の限りでは，コードも長くなりがちであり，学ばなければならないことも多いです．

本書は，何かに特化した高度な手法を紹介するのではなく，簡単な事例を通してモデリングの基本作法を学んでもらうのが目的であり，また，その入り口のハードルはできるだけ低くしたいため，Python ではなく R を採用しました．大学等で Python を学び，すっかりそちらに慣れてしまっているという方も，すでに述べたように，統計科学分野では R が国際的に共通言語として使われている点を理解してもらい，本書が例示するコードを読むのに支障がない程度には R に親しんでもらうことを強くおすすめします．

本書に載せる R のコードは，プログラムとして何らかの意味でエレガントであることや計算コスト上最適なものであることよりも，初級者にとってのわかりやすさを重視したものとしています．また，コードの解説の際に，R 環境を本格的に使うための細かいコツは一々示していません．実のところ，本書に載せる R の実例は，あくまでも，予測モデリングの基本作法を理解し，習得してもらうことを主眼とするものであり，R そのものを手際よく使いこなすためには，R そのものについて，別途，より詳しく学んでもらう必要があります．

なお，凝ったプログラムとしないおかげで，R のエッセンスともいうべきものがかえって見やすくなっている面もあると思われます．それを長所と見て，R そのものを学ぶ上でもうまく有効活用してもらえればと思います．

以下で R コードを示すときは，特に本書の最初のうちは，コードの中の要点や注意点を適宜解説していきます．それにより，R をすでに多少なりとも使ったことがある人（初心者ではなくて初級以上の方）であれば，本書を順番に読んでいけば，掲載されている R コードの大半は特にほかの書物などの参照なく読めると期待しています．

本書に掲載する R コードはすべて，東京図書株式会社のダウンロードサイト（`http://www.tokyo-tosho.co.jp/download/`）から入手できますので，その R コードを実際に実行しながら本書を読み進めていくことを強く推奨します．同サイトから本書用の圧縮ファイルを読者の PC にコピーし，それを解凍すれば，pm-book という名のフォルダが得られます．そのフォルダをPC上で保存する場所はどこでもかまいませんが，Rで実際に利用する際には，そのフォルダをRの作業ディレクトリとして指定しておくとよいでしょう．作業ディレクトリの確認方法や指定方法は，巻末の付録Aを参照してください．

# 目　次

まえがき　iii
　本書を読むにあたって　vi
　R について　vi

**第 I 部　予測モデリングの一般事項　1**

**第 1 章　予測モデリングとは何か　3**
　1.1　ビッグデータ時代の統計モデリング　4
　1.2　予測モデリングの成功と由来　6
　1.3　リスクを扱うための予測モデリング　11
　1.4　予測モデルの典型例としての一般化線形モデル　14

**第 2 章　予測モデリングの基本概念　24**
　2.1　データセット　24
　2.2　教師あり学習と教師なし学習　26
　2.3　モデル　27
　2.4　加法的なモデルと交互作用　29
　2.5　モデルのパラメータ　30
　2.6　残差と誤差　31
　2.7　逸脱度　32
　2.8　適合不足と過剰適合　34

第3章 予測モデリングの基本手順 35
3.1 基本手順の全体像 35
3.2 モデリング前の課題設定 38
3.3 データの入手 39
3.4 データクレンジング 40
3.5 データの前処理 40
3.6 EDA（探索的データ解析） 46
3.7 モデル構築 63
3.8 モデルの選択・評価 65
3.9 予測の実行・説明 70

第II部 実用へのヒントと代表的手法の例 71

第4章 Rを予測モデリングで使う際のヒント 73
4.1 オブジェクトを把握する方法 73
4.2 総称的関数の使い方 77

第5章 データの準備 81
5.1 実習のために利用可能なデータの入手元 81
5.2 データフレームの基本 82
5.3 本書用のデータ等を読み込むための準備 87
5.4 PC内にあるcsvファイルを読み込むコード 88
5.5 PC内にあるRdaファイルのデータを読み込むコード 90
5.6 その他の方法 91

第6章 データの前処理から EDA までの実例 95
6.1 Boston データセット ・・・・・ 95
6.2 データの前処理 ・・・・・ 97
6.3 EDA その1：変数どうしの相関 ・・・・・ 99
6.4 EDA その2：各変数の要約 ・・・・・ 100
6.5 EDA その3：一元的分析 ・・・・・ 105
6.6 EDA その4：特異な箇所の探究例 ・・・・・ 107
6.7 EDA その5：予測力の高いモデルによる EDA ・・・・・ 110

第7章 予測モデリング用のモデル 123
7.1 準備 ・・・・・ 123
7.2 予測モデリング用のモデルに求められること ・・・・・ 124
7.3 利用しやすいモデルの例 ・・・・・ 125
7.4 GLM と説明変数選択 ・・・・・ 135
7.5 正則化 GLM ・・・・・ 139
7.6 一般化加法モデル ・・・・・ 149

第8章 モデルの選択・評価の実例 154
8.1 準備 ・・・・・ 154
8.2 ハイパーパラメータのチューニングが不要なモデルの場合 ・・ 157
8.3 「2重」の CV の実例 ・・・・・ 163
8.4 Boston データセットに対するモデルについてのまとめ ・・・・ 173

第9章 分類問題の実例 175
9.1 データの入手と中身の確認 ・・・・・ 175
9.2 課題の理解と予測精度の尺度 ・・・・・ 180
9.3 ロジスティック回帰 ・・・・・ 190
9.4 ランダムフォレスト ・・・・・ 194
9.5 ポアソン回帰 ・・・・・ 198
9.6 変数選択 ・・・・・ 202

第 10 章　むすび，読書案内，発展的話題　206

第 III 部　補章と付録　209

補章　ハイブリッドな正則化 GLM のパッケージ aglm の紹介　211
1　準備 ･････ 211
2　ニーズ ･････ 212
3　AGLM の実行 ･････ 214

付録 A　R の環境準備　220
A.1　R 本体のインストールと RGui ･････ 220
A.2　RStudio のインストールと使用方法 ･････ 227

付録 B　R 言語の初歩　236
B.1　R コードと出力結果 ･････ 236
B.2　R 言語の ABC ･････ 237
B.3　練習 ･････ 239
B.4　関数の作り方 ･････ 241
B.5　デフォルト ･････ 243
B.6　R によるコードの解釈 ･････ 244
B.7　rm ･････ 245
B.8　データ型とデータ構造 ･････ 246

参考文献　248

索　引　251

■装幀　今垣知沙子

# 第I部

# 予測モデリングの一般事項

# 第1章

# 予測モデリングとは何か

本章では予測モデリングとは何かを解説します．予測モデリングの思想自体はそれほど新しいものではありません．しかし，「ビッグデータ」を取り扱う時代になって，その重要度は急速に増しています．

予測モデリングでいう**予測**（prediction）とは，与えられたデータをもとに，今後与えられうるがいまは与えられていない観測値を推測することです．典型的には将来予測，つまり，未来の値の予測（forecast）です．しかし，それには限定されません．たとえば，すでに観測されているけれども予測者には伏されている，という値の推測の場合もあります．すでに値は確定しているはずだけれどもまだ誰も観測していない，という値の推測の場合もあります．

**モデリング**とは，モデルを作っていくことやその方法論のことです．本書では，統計科学の伝統下にあるモデリングのことを，機械学習分野の影響を受けているものも含め，漠然と「統計モデリング」と称します．その中には，いわゆる教師あり学習も教師なし学習も含みますが，典型的には教師あり学習，特に回帰問題を主に念頭に置いて話を進めます．「教師あり学習」「教師なし学習」「回帰問題」の説明はあと（2.2 節ほか）で行います．

## 1.1 ビッグデータ時代の統計モデリング

予測モデリングは，たとえば「精確な予測を生み出す数理的なツールやモデルを作り上げていくプロセス」（Kuhn (2013), p. 2）のことだと定義されます．このように，予測モデリングは，その名称にも定義にも「予測」という言葉が付されています．ですが，実際の利用者や学習者の目からすれば，ビッグデータ時代の統計モデリングのほぼ全般を実質的に指す場合がありますし，今後はその傾向が強まると思われます．たとえば，統計モデリングを専門技能の1つとしてもつアクチュアリーの世界ではこの動きがはっきりとあらわれています．象徴的な例は，他国よりも先駆けて2018年に教育カリキュラムを大改訂した北米の損害保険アクチュアリー会（CAS）が設定した新科目「現代アクチュアリー統計学（Modern Actuarial Statistics）」（IおよびIIの2科目）です．その科目名にかかわらず，中身は予測モデリングそのものです．

現代では，ハードとソフトの両面でコンピュータの性能がかつてより格段に向上し，伝統的な統計学で想定していたよりもずっと大量のデータを入手，整備し，そうやって整備したデータに高度な大量計算を施すといったことが可能になりました．それに呼応するように，大量のデータのもとでの統計的課題を扱うのに適した統計手法や機械学習手法の理論も整備されてきました．こうした時代にあって，実務上の統計的課題を解決するために，データをもとにモデルを的確に構築していく一連の作業が，実質的に予測モデリングとよばれるようになっています．

ビッグデータは，Volume（量），Variety（多様性），Velocity（速度）という特徴をもつとされ，**3V**などといわれます（Laney (2001)）．Value（価値）やVeracity（正確性）などを加えて4Vや5Vなどという場合もありますが，ここでは，3Vについて説明しましょう．

ビッグデータの第一の特徴は，非常に大きな**Volume**（量）のデータが扱われうることです．場合によっては，テラバイト（1テラバイトは$2^{40}$バイト（慣用）ないし1兆バイト（SI基準））やペタバイト（1ペタバイトは$2^{50}$

バイト（慣用）ないし1千兆バイト（SI基準））といった単位さえ登場します．それほど大きなデータがつねに扱われるとは限りませんが，扱われるデータの大きさに特段の制限がないところが特徴です．

第二の特徴は，**Variety**（多様性）が大きいことです．一般には，画像データや音声データや大量の文書データといった，表形式で捉えるのが難しい，いわゆる非構造化データを扱う場合もあります．本書で主に念頭に置くのは構造化データですが，多様なデータを扱う点は同じです．いずれにせよ，この時代にあっては，統計的な価値が高いかどうかがわかっていないデータも含め，多様なデータがあらかじめ存在していることが特徴です．

第三の特徴は，**Velocity**（速度）が大きい，すなわち，短時間で結果を返すための高速処理が求められることです．データが次々と流入してくるとともに，ウェブ検索の例のように，即答が求められるオンラインでの情報処理の場合もあります．この時代にあっては，オンラインでない場合でもデータは次々と流入してくるため，じっくり真理を求めるというよりは，有用な答えを次々と求めていくことが重視されるのが特徴です．

こうした特徴をもつビッグデータの時代に，予測モデリングは大いに力を発揮します．なぜ予測モデリングなるものがこの時代に力を発揮できるのかを説明する前に，まずは予測モデリングの特徴を列挙しておくと次のとおりです．予測モデリングでは，

- 説明変数の候補（特徴量）が多くてもかまいません．
- 複雑な計算を伴うモデルも採用できます．
- 多数のモデル候補を同時に検討することもできます．

これらの特徴はどれもコンピュータの性能の向上によって支えられていますが，機械の発達だけではなく，従来の統計モデリングではあまり重視されていなかった発想の活用が，これらの鍵となっています．特に，正則化，最適化，自動化という発想が重要です．そして，それらの発想を共通して支えているのが，あと（1.2.2）で述べる「予測の視点」です．つまり，そこで「予測」というものがキーワードとなります．

## 1.2 ●●● 予測モデリングの成功と由来

ここまでは，予測モデリングの具体的な中身には触れずにいくつかの特徴を一方的に語ってきました．ここからは，予測モデリングとはどういうものであるかを，その由来を含めて紹介していきます．

最初に，歴史に関する要点を先取りして述べておけば，予測モデリングの発想自体は1970年代に主たる起源がある一方，予測モデリング流のアプローチの強力さは，21世紀になってからようやく徐々に注目されるようになり，それが「予測モデリング文化」という名の下でさらに広く知られるようになるきっかけは2015年にありました．まずは，この2015年の話をしましょう．

### 1.2.1 「予測モデリング文化」

機械学習や統計科学の分野で非常に高名なデイヴィド・ドノホー（1957–）が，2015年に行った有名な講演があります．2015年というのは，20世紀後半を代表する偉大な統計学者ジョン・テューキー（1915–2000）の生誕100周年であり，その記念講演会でドノホーは「データサイエンスの50年」という講演を行いました．その中身は，2017年には論文としても発表されています（Donoho (2017)）．この講演の中で，予測モデリングという言葉が，きわめて重要な用語として出てきます．

この言葉と関連づけてドノホーは，やはり機械学習や統計科学の分野で著名なレオ・ブライマン（1928–2005）の名前を挙げます．ブライマンは，機械学習手法の中で，分類や回帰を行うための決定木という意味でCARTとよばれる手法（Breiman et al. (1984)），バギングという考え方（Breiman (1996)），ランダムフォレストという手法（Breiman (2001a)）など，この分野の中でもとりわけ有名な諸手法や諸概念を生み出した巨人です．そのブライマンが2001年に行った講演（Breiman (2001b)）で話した内容を受けて2015年にドノホーが用いたのが「予測モデリング」という言葉です．ブライマンは「アルゴリズム的モデリング」という言葉を用いていたのですが，ドノホーはそれを「予測モデリング」と言い換えて，ブライマンが語った統計学の学術的な状況（ブライマンの講演は 2001 年なので，その意味では 2001 年当時の状況）を語ったのです．

ブライマンやドノホーによれば，データサイエンスには 2 つの文化が共存しています．ドノホーの用語法に従えば，その 1 つが予測モデリング文化であり，もう 1 つが生成モデリング文化です．**予測モデリング文化**では予測が主たる目的であるのに対し，**生成モデリング文化**では，理論的に整った確率モデルを追求し，そのモデルを前提にして（典型的にはパラメータの）推測を行うというアプローチをとります．従来の推測統計学の主たるアプローチは，生成モデリング文化のものです．実際，ブライマンによれば，学術的な統計学者の中で予測モデリング文化に属する人は 2% しかいない，とのことであり，そうブライマンが述べているという話を，ドノホーは 2015 年の講演で紹介しています．

2001 年にブライマンが主張したのは，別の用語を用いてはいたものの，「統計科学において予測モデリング文化は重要だ」ということでした．そしてドノホーは，2015 年に「予測モデリング文化」という用語を使って「この文化は重要であるし，成功もしている」とあらためて主張しました．つまり，「予測モデリング文化は重要だし，成功もしている」ということが強調され，広く世に知られてきたのは，比較的最近のことなのです．

ドノホーが予測モデリング文化の重要性を強調する際に特にとりあげるのは，機械学習手法の成功です．近年の機械学習手法の成功は，機械学習が主に予測モデリング文化に属しているために生じたというのです．

機械学習手法が成功に至るための「**秘伝のソース**（secret sauce）」として，ドノホーは，予測モデリング文化とともにコモン・タスク・フレームワークの存在も指摘します．**コモン・タスク・フレームワーク**とは，典型的にも本質的にもコンペです．コンペでは共通する課題（コモン・タスク）が提示されます．課題は，基本的には，与えられたデータのみを用いて何かを予測することです．そして，コンペ参加者の予測した結果が正解にどれだけ近いかで，参加者どうしや採用した手法どうしの優劣を競います．

たとえば，気象データをもとに，翌日の（たとえば）最高気温を予測する課題を考えてみましょう．課題提供時には，多数の日の気象データとそれぞれの翌日の最高気温のデータ（つまり，正解つきのデータ）とが与えられ，それらをもとに予測のためのモデル構築をします．別途，多数の日の気象データだけ（つまり，正解が伏せられたデータ）が与えられます．そして，正解が伏せられたデータに，構築したモデル（予測モデル）をあてはめ，それぞれの翌日の最高気温の予測値を出し，期限までに主催者に提出します．その予測値が，伏せていた正解に最も近かった参加者や手法が優勝となります．

このフレームワークにおいては，競われる個々のモデルが理屈としてすぐれているかどうかは二の次です．実際，コンペの限りでは，客観性，公平性を保つため，理屈がすぐれているかとは無関係に，予測の精度だけで優劣は判定されます．一般に，用いる手法に制限はなく，予測がうまくいく手法がともかく追求されるので，コンペが繰り返されていくうちに，いわば自然選択的に予測精度が高い手法が生き残っていきます．

例を1つだけ挙げておきます．その例は，ドノホーが講演で言及したものではありませんが，話としてわかりやすいと思うために紹介します．ディープラニング（深層学習．7.3.2も参照）が発展してきた経過の一側面に関するものです．

ディープラーニングは，ニューラルネットワークという機械学習手法の一種であり，近年，マスコミでもよくとり上げられ，中身はともかく，少なくとも名前までは世間でもよく知られるようになりました．ニューラルネットワークは，何度かブーム（1次ブームは1958年ころから，2次ブームは1986年ころから）が来ては廃れるということが繰り返されてきました．そして2000年代のころには，ニューラルネットワークは，ほかの手法（たとえばサポートベクトルマシン）と比べると，大した性能をもつものではないと一般的には捉えられていました（たとえばSimard et al. (2003)の冒頭を参照）．ところが，2012年に行われた画像認識コンテストILSVRC（ImageNet Large Scale Visual Recognition Challenge）で，Super Visionというチームが作ったディープラーニングのモデルが実に圧倒的な成績で優勝したのです（http://image-net.org/challenges/LSVRC/2012/results.html 参照）．特に，ある課題では，ある種のエラー率で測ったときに，他のチームの最良の成績が 26.2% であったところ，このチームの最良の成績は 15.3% だったという圧勝ぶりでした．実は，2000 年代後半から（特に Hinton et al. (2006) 以降）技術的な革新が徐々に進んでいて，ディープラーニングの性能のよさは専門家の間ではよく知られていました．しかしながら，社会的な認知度という点でいえば，このコンペで示された圧倒的な強さにより，ニューラルネットワークの進化形としてのディープラーニングの優秀さが世界中に知られるきっかけとなり，その後のディープラーニングのますますの発展と世界的なブームの直接的ないし間接的な大きな要因となりました．

このディープラーニングの話は一例にすぎませんが，コンペの存在が手法の発達を促す仕掛けは想像しやすいと思います．こうしたコモン・タスク・フレームワークによって，ディープラーニングに限らず，機械学習手法は大いに成功を収めてきたのですが，それは，予測を第一の目的に据えた予測モデリング文化だからこそ成り立ちえたことだと考えられています．こうして予測モデリング文化のおかげで機械学習手法は大成功をし，そして，逆にその大成功のおかげで，予測モデリング文化の力強さは，いまや世界中で認知されることとなりました．

### 1.2.2 予測の視点

それでは，予測モデリング文化の起源はどこにあるのでしょう．それを史料に基づいてきちんと解明するのは難しいですが，その根本思想の重要な起源の 1 つが 1970 年代初頭あたりにあることはほぼ間違いありません．パラメータの「推測」と観測されうる値の「予測」との区別はもっとずっと以前からあったのですが，1970 年代になってから，統計学の世界で「予測の視点」を重視する考え方が提示され，大きく注目されはじめました．

**情報量規準**というものがあります．1970 年代のはじめころにそれを最初に考案したのは日本の赤池弘次（1927–2009）であり（Akaike (1973) など），そのときに具体的な規準として提案されたものは，いまでは「赤池情報量規準」という意味で「AIC」とよばれています．予測モデリングを深く理解するには，AICも深く理解しておく必要がありますし，本書でも使用します．ただし，本書の話を理解する限りでは，**AICは，モデルの「よさ」を測る指標であり，比較可能なモデルどうしの場合には，値が小さいほうがよりよいとされる**，ということだけおさえておけば十分です．

この情報量規準の考案は，情報量規準の教科書（小西ほか(2004), p. 2）では，次のよう解説されています．

> 赤池は，統計的モデルにおける重要な視点として予測の問題を指摘した．すなわち，統計的モデリングの目的は，現在のデータをできるだけ忠実に記述することや「真の分布」を推定することにあるのではなく，将来得られるデータをできるだけ精確に予測することにあると考えた．本書ではこれを「予測の視点」と呼ぶことにする．

ここで,「データを…忠実に記述すること」とは，いわゆる記述統計学（これは推測統計学よりも古くからあります）のことと思われ,「『真の分布』を推定すること」とは，推測統計学の典型的な課題のことと思われます．つまり，赤池は，統計モデリングの目的として，そうした従来のものにとって代わるものとして，予測を第一に据えたということです．そしてそれは，まさしく予測モデリング文化の思想です．本書でも，この思想を**予測の視点**とよぶことにします．

引き続き，同書（p. 4）から引けば，予測の視点と情報量規準との関係は，次のとおりです（ただし，文章内の専門用語はここでは解説しません)．

> それでは，モデルのよさをどのように評価すべきだろうか．赤池は統計的モデルが実際に利用される状況を考慮して，モデルを予測に用いた場合のよさによって評価すべきであると考えた．…情報量規準は，(1) モデリングにおける予測の視点，(2) 分布による予測精度の評価，(3) カルバック-ライブラー情報量による分布の近

さの評価，という3つの基本的な考えから導かれたものといえる．

つまり，予測の視点のもとでモデルのよさを測るためのものとして提案されたのが，情報量規準でした．予測モデリング文化を象徴する代表的な概念といえます．

実は，AICが生み出されたのとほぼ同時期に，一般化線形モデル（1.4節で詳しく説明します）の基本論文（Nelder et al. (1972)）が発表されています．一般化線形モデルは，予測の視点に基づくモデリングに用いるのに実に適しています．そのため，このモデルがAICと同時期に提案されたというのも，単なる偶然ではないのかもしれません．

もう1つ，1970年代から主張されはじめたことで，予測モデリングの思想を象徴的に表すことのできる有名な言葉があります．ジョージ・ボックス（1919–2013）が述べた「どんなモデルも間違っているが，中には有用なものもある」（たとえばBox (1979), p. 202）という言葉です．ボックスがいう「有用性」を，予測における有用性と解釈すれば，ボックスの言葉は，上の引用でみた「統計的モデリングの目的は，…『真の分布』を推定することにあるのではなく，…できるだけ精確に予測することにある」という赤池の「予測の視点」と同じ思想を表していると捉えることができます．

## 1.3 ●●● リスクを扱うための予測モデリング

前節の要点を踏まえるなら，予測モデリングとは，予測の視点に基づくモデリング全般のことを指すことになります．実際，広義にはそのように捉えておけばよいでしょう．しかしながら，そこまで予測モデリングの意味を広げてしまうと，本書の分量では扱いきれないし，筆者の技量も超えてしまいます．

そこで本書では，リスクを扱う際の予測モデリングとして的確と思われる範囲の予測モデリングに限定して論じることとします．ただし，「リスクを扱うのに的確」ということであって，実際に扱う対象自体はリスクに関係するものでなくてもかまいません．実のところ，本書では，リスクの取り扱いに特別に限定した特殊なモデリングを扱うわけではありません．では，どういう範囲を扱うのか．それを，本節で説明しておきます．

本書でいう**リスク**とは，「不確定」かつ「避けたい」もののことです．保険会社や証券会社を含む金融機関が直接に専門的に扱っているものが典型ではありますが，それらには限定されません．

ここでいうリスクは，何にせよ，不確定であることが第一の特徴です．本書において予測とは，「与えられたデータをもとに，いまは与えられていない観測値を推測する」ことでした．すると，予測という課題の対象には，不確定でないものも多くあります．たとえば，機械学習分野で研究されてきた文字認識，画像認識，音声認識，機械翻訳等は，典型的には，人間には答えがわかるものを，機械に学習させようというものです．したがって，これらにおける予測の対象は，（機械には最初はわからないものの）答え自体は確定しているという意味で，不確定ではないものです．予測の対象がこの意味で不確定でない場合の課題を，以下では**パターン認識**の課題とよぶことにします．

パターン認識の課題においては，異なった観測対象のデータどうしが完全に一致していれば，正解が何であるかも一致するはずです．そして，与えられたデータが（何らかのうまい測定方法のもとで）似通っていれば，答えも似通っていると期待できます．これに対して，リスクに関する課題は，異なった観測対象のデータどうしが完全に一致していても，正解が何であるかが一致するとは限りません．

たとえば，ひらがなの（単独での）文字認識において，ある文字データから「あ」だと予測してそれが正解だった場合，まったく同じ内容のデータが別にあれば，その文字も必ず「あ」です．これに対し，自動車保険の加入者の属性データをもとに翌年の事故件数を1件だと予測してそれが正解だったとしても，まったく同じ属性の別の加入者の翌年の事故件数が1件であるとは限りません．その結果は，偶然に左右されるからです．

このような意味で不確定な事象に対しては，何らかの確率モデルを想定してモデリングするのが自然です．そこで，本書が念頭に置く予測モデリングは，何らかの確率モデルを想定したモデリングが最も自然な候補となるものに限定します．

とはいえ，通常の意味では確率モデルとはよばれないようなモデルが，不確定な事象に対して高い予測精度を発揮する場合もあります．そのため，最終的に選ばれるモデルが，確率モデルに基づくものであることまでは要請しません．

本書でいうリスクのもう１つの特徴は，避けたいものだという点です．そのため，リスクの予測にあたっては，「予測が当たればうれしい」という面よりも，「予測が外れたら困る」という面が強いです．

マーケティングに予測モデリングを使い，たとえば，誰にDM（ダイレクトメール）を送ることにすると効果が大きいかを予測する場合はどうでしょう．あるいは，いわゆるレコメンデーションに予測モデリングを使い，たとえば，どの人にどの商品を推薦したら効果が大きいかを予測する場合はどうでしょう．こうした予測では，予測がぴたりと当たった対象からは利益が発生し，大きく外れた対象があっても特に大きな損害は出ません．ぴたりと当たる対象が多ければ，たとえば「大儲け」ができるかもしれません．

これに対し，リスクを扱う場合はどうでしょう．たとえば保険会社は，ある契約に関して保険金がどれくらい発生するかを予測します．この場合には，予測がぴたりと当たったからといって，特別の利益があるわけではない一方，予測が大きく外れた対象があった場合には，それだけで会社にとって大打撃になる場合もあります．

そのため，リスクを扱う場合には，慎重な予測モデリングが求められます．リスク以外を扱う場合と比べて，失敗したときの説明責任は大きいと考えられるし，もともと失敗しないために，あるいは責任の所在をはっきりさせるために，モデリングの中身を組織としてしっかり理解しておく必要があります．そのため，「何だかよくわからないけれども予測がよく当たる」というモデルを採用するわけにはいきません．つまり，採用するモデルは，その原理がわかりやすいものでなければなりません．

また，原理だけでなく，実際に求められた予測値が，具体的にどうしてその値になるのかも納得感がなければなりません.「原理的にすぐれているから大丈夫なはずだ」では許されません. そのため, もとのデータと予測値との関係も, できるだけわかりやすいものである必要があります.

会社などの組織であれば, 担当者が変わったり使用する機械が変わったりするだけで予測結果が大きくぶれるようでは, リスクの扱い方として適切ではありません. 担当者, ハード, ソフトがいずれも一定水準の技能なり品質なりを備えている限り, モデリングの結果が大きくぶれない, という意味で頑健で安定的で高い再現性をもつ手法を用いる必要があります.

以上を要約すれば, **リスクを扱うための予測モデリング**は, 次の特徴を備えたものとなります.

- 確率モデルに基づいたモデリング手法が最も自然な候補となる.
- 原理がわかりやすい.
- もとのデータと予測値との関係がわかりやすい.
- 頑健で安定的で高い再現性をもつ.

このうちの2番めと3番めは, 説明力に関わるものです. そうした説明力の高さは, 本書で一貫して重視する観点です. その点を強調して, 本書の扱う予測モデリングをきわめて短く表現するとすれば,「予測の視点の下での説明力の高い統計モデリング」ということになります.「説明力の高さ」については, 採用すべき手法を考察するとき (7.2節) に, ふたたび論じます.

## 1.4 ●●● 予測モデルの典型例としての一般化線形モデル

具体的な予測モデルを詳しく扱うのはかなり先の章 (7章以降) になりますが, 便宜のため, 次章からの一般論に進む前に, 予測モデルの典型例として, 一般化線形モデルだけここで紹介しておきます.

**一般化線形モデル** (Generalized Linear Model. 以下,「GLM」) とは, 線形回帰モデル (以下, 本節では「線形モデル」) を拡張したものです. まずは, 線形モデルから説明します.

何らかの種類の観測対象を考えます．対象には，便宜上，通し番号 $1,2,\ldots,i,\ldots$ を振っておきます．

最も単純なところから話をはじめるため，対象は観測できる特徴量を 1 つだけもっていることとし，$i$ 番めの対象に対するその値を $x_i$ とします．また，対象は，ある結果の値をとるものとし，そちらは，確率変数として $Y_i$ と表すことにします．そして，$x_i$ をもとに $Y_i$ の実現値 $y_i$ を予測する問題を考えます．この状況で，過去のデータから，$x_i$ と $Y_i$ とに正または負の相関があると観察されるとき，$\hat{y}_i = E[Y_i]$ について，

$$\hat{y}_i = \beta_0 + \beta_1 x_i$$

という直線関係（1 変数についての線形関係）があるという可能性を探ってみるのは自然な発想と思われます．以下，この手の表現においては，添え字のうち $i$ は，文脈から明らかなときは省略して，

$$\hat{y} = \beta_0 + \beta_1 x$$

といった具合に書くこととします．

この発想を多変数の場合に拡張し，対象が $p$ 個の値 $x_1,\ldots,x_p$ をもっているときに，

$$\hat{y} = \beta_0 + \beta_1 x_1 + \cdots + \beta_p x_p$$

という線形関係の可能性を探るのも自然でしょう．

R が用意してくれている `trees` というデータセットを使い，`Girth`（幹周）を $x_1$，`Height`（高さ）を $x_2$，`Volume`（木材の量）を $Y$，$\hat{y} = E[Y]$ として，

$$\hat{y} = \beta_0 + \beta_1 x_1 + \beta_2 x_2$$

とする線形モデル（linear model）を，R の `lm` 関数を使って作ってみると次のとおりです．

```
1  x_1 <- trees$Girth
2  x_2 <- trees$Height
3  y <- trees$Volume
4  (model_1 <- model <- lm(y ~ x_1 + x_2))
```

```
Call:
lm(formula = y ~ x_1 + x_2)

Coefficients:
(Intercept)          x_1          x_2
   -57.9877       4.7082       0.3393
```

Rコードの最初の3行は，（Rに慣れていない読者は，データフレームの説明（5.2節）を待たないとわかりにくいかもしれませんが）R環境にもともと用意されている幹周と高さと木材の量のデータを x_1，x_2，y という変数にそれぞれ格納しているだけです（ので，慣れていない読者は，さしあたりはそのことだけご理解ください）．線形表現の情報は，y ~ x_1 + x_2 で与えられており，lm(y ~ x_1 + x_2) 全体では，「$y$ を $x_1$ と $x_2$ の線形結合で表す線形モデルを作る」とでも読めばわかりやすいと思います．Rの出力結果は，そうやって指定されたモデルの回帰係数を求めた結果が

$$\beta_0 = -57.9877, \quad \beta_1 = 4.7082, \quad \beta_2 = 0.3393$$

であることを示しています．

上のコードの4行めでは，作ったモデルを model と名づけ，さらにそれを model_1 と名づけています．こうして同じものを2つ作ることは本質的には意味がありませんが，これからいくつかモデルを作り，同じ作業をするので，その際に同じコードを使い回すための工夫です．

モデルのあてはまり具合を可視化するために，次のコードで図（図1.1）を描いてみましょう．

```
1  yhat <- fitted(model)
2  plot(y, yhat, main = model$call)
3  curve(identity, add = TRUE)
```

コードの1行めでは，上で作ったモデルを，fitted 関数を用いてデータにあてはめ（fitted），求めた値を $\hat{y}$（yhat）としています．plot 関数で描いた（plot）図の横軸は，実際の木材の量 $y$ であり，縦軸は，1行めで求めた $\hat{y}$ です．これからいくつか見る同様の図と区別するため，モデルを呼び出す（call）ときの名前が図のタイトルとなるように main = model$call のところで指定しています．図ではこれに，$y=x$ という恒等（identity）関数の曲線（curve. 実際は直線）を加えて（add）います．

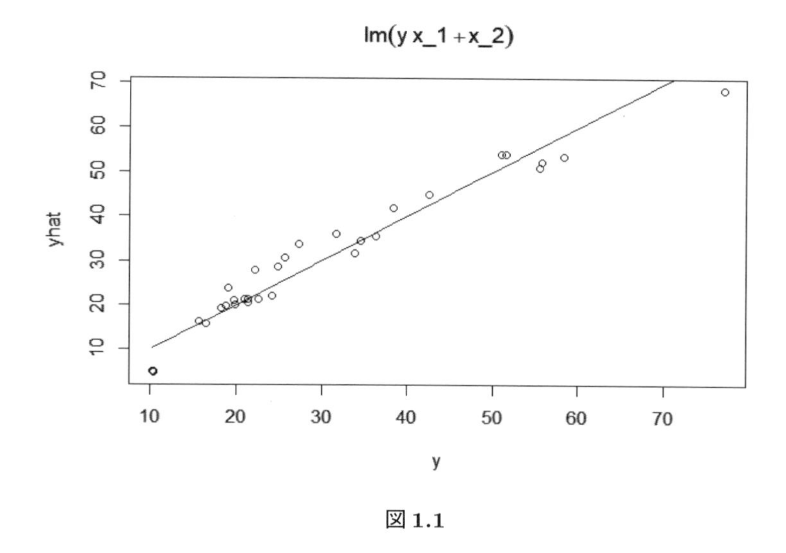


図 1.1

線形モデルにおいては，右辺の式を，各変数についての 1 次式に限定する必要は実はありません．たとえば，何らかの根拠で

$$\hat{y} = \beta_0 + \beta_1 x + \beta_2 x^2$$

という 2 次式で表される関係を想定するのが妥当という場合もあります．この場合，（本質的ではないですが，$x$ の代わりに $x_1$ と書くことにしたうえで）$x_2 = x_1^2$ という新たな変数を用意して，

$$\hat{y} = \beta_0 + \beta_1 x_1 + \beta_2 x_2$$

とすれば，線形表現となります．また，回帰係数のほうに着目すれば，説明変数については 2 次式だったときも，回帰係数についてはもともと線形結合だったとみなすことができ，実のところ，GLM の文脈では，線形モデルにおける「線形」とは，回帰係数についての線形性を指すものとされています．

いずれにしても，あらかじめ用意された特徴量からすると非線形関係である場合も含め，

$$\hat{y} = \beta_0 + \beta_1 x_1 + \cdots + \beta_p x_p$$

という形式上の線形関係を，線形モデルでは線形表現として想定します．な

お，種々の議論をするときの便宜のため，$\mathbf{x}=(x_1,\ldots,x_p)^T$，$\beta=(\beta_1,\ldots,\beta_p)^T$ として，線形表現を

$$\hat{y}=\beta_0+x_1\beta_1+\cdots+x_p\beta_p=\beta_0+\mathbf{x}^T\beta$$

と書く場合があります．ここで，$T$ は転置（行列やベクトルの行と列を入れ替えること）を意味します．

trees の例で，（幹周は木材量に対して2次式で効いてきそうだと考えて）$x_3=x_1^2$ として，

$$\hat{y}=\beta_0+x_1\beta_1+x_2\beta_2+x_3\beta_3$$

というモデルを考えるなら次のとおりです．

```
1  x_3 <- x_1 ^ 2
2  (model_2 <- model <- lm(y ~ x_1 + x_2 + x_3))
3  yhat <- fitted(model)
4  plot(y, yhat, main = model$call)
5  curve(identity, add = TRUE)
```

```
Call:
lm(formula = y ~ x_1 + x_2 + x_3)

Coefficients:
(Intercept)          x_1          x_2          x_3
    -9.9204      -2.8851       0.3764       0.2686
```

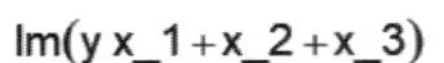


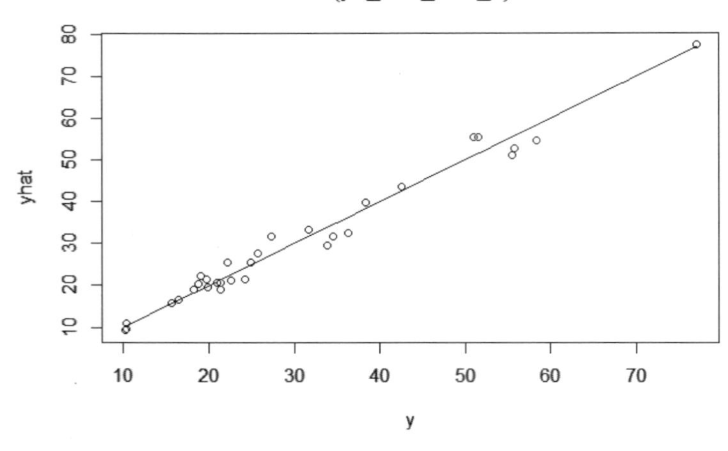


図 1.2

実用上は，いちいち変数名を変える必要もないので，同じモデルは，たとえば次のようにして作ることができます（詳しい説明は省略しますがformulaのところに^という記号を用いると交互作用（2.4節参照）に関わる特別な意味をもってしまうので，ここでは単に累乗を表すことを示すためにI関数というものを用いています）．

```
1  (model <- lm(Volume ~ Girth + Height + I(Girth ^ 2),
2               data = trees))
```

```
Call:
lm(formula = Volume ~ Girth + Height + I(Girth^2), data = trees)

Coefficients:
(Intercept)        Girth       Height   I(Girth^2)
    -9.9204      -2.8851       0.3764       0.2686
```

回帰モデルとしての線形モデルがとる確率上の仮定を述べれば，$Y_1, Y_2, \ldots$ は互いに独立であり，$Y_i$ は，平均 $\hat{y}_i$（$i$ ごとに異なる未知の定数），分散 $\sigma^2$（$i$ によらない未知の定数）の正規分布 $\mathrm{N}(\hat{y}_i, \sigma^2)$ に従う，ということになります．この仮定の典型的な解釈は「$Y_i$ の実現値と平均 $\hat{y}_i$ との差は何らかの意味での誤差であって，その誤差は，平均が0で，$i$ によらない分散をもつ正規分布に従う」というものです．これは，誤差に関しての（少なくとも，伝統的にとられてきたという意味で）自然な仮定です．この仮定のもと，線形モデルでは，最尤法に基づいて回帰係数の推定や目的変数の予測を行います．最尤法のすぐれた諸特性から，そうやって最尤法を用いることも自然です．

以上から，線形モデルは，現象を単純な形で捉えて回帰問題を解こうというときのモデルとしては，実に自然なものです．ただし，単純すぎて，表現力が乏しいかもしれません．

ところで，線形モデルに対する最尤法の計算は，計算機が実用化されて以降はもちろん計算機で行われています．その計算は，計算機での実行に非常に適しています．というのも，つねにとはいわない（7.5節の「正則化」の解説参照）ものの，典型的な場面では，線形モデルの最尤法の解は，計算機により高速に一意に精度高く求めることができるからです．

ここで問いを立てます．計算機により高速に一意に精度の高い最尤法の解が求まるという条件を保ちつつ線形モデルを拡張するとしたら，どこまで拡張できるでしょうか．その問いに対する1つの答えが，GLMです．

GLMは，次の2つの点で線形モデルを拡張したものです．

- $Y_i$ が従う分布は正規分布とは限らず，（正準形の）指数型分布族に属す分布でよい．
- 線形表現で表すのは，$\hat{y}_i = E[Y_i]$ そのものとは限らず，適当な単調関数 $g$ による $g(\hat{y}_i)$ でもよい．

このように拡張するのは，まさしく，この範囲なら「計算機により高速に一意に精度の高い最尤法の解が求まる」からです．

**（正準形の）指数型分布族**に属する分布とは，密度関数または確率関数が，

$$f(y_i;\theta_i) = \exp\left(y_i b(\theta_i) + c(\theta_i) + d(y_i)\right)$$

という形で書けるもののことです．密度関数や確率関数がこうした形をしていると，対数尤度が比較的単純な形になるので，「計算がうまくいく」といわれても不思議でないと思いますが，実際にうまくいきます．

この分布族に属する分布には，正規分布，ガンマ分布，ポアソン分布，2項分布などが含まれます．したがって，線形モデルと違って，正規分布以外にもこうした基本的な重要分布を使うことができるのがGLMです．ただし，計算機にGLMの計算をさせるためのパッケージを作る際は，分布ごとに実装する必要があるので，GLMの実際の一般利用者は，正準形の指数型分布族なら何でも指定できるわけではなく，使用するパッケージにすでに用意されている分布のみを用いることができます．Rでは，追加のパッケージをインストールすることなく，`glm`関数で，いま述べた4つの分布を含む分布は使えます．Rのデフォルトでは用意されていない分布でも，R上でGLMが実行可能になるように専用のパッケージが用意されている場合もあります．

なお，理論的な取り扱いをするときには，密度関数または確率関数（ただし，データの重み $w_i$ も考慮したもの）に対する定式化は，

$$\exp\left\{\frac{y_i\theta_i - b(\theta_i)}{\phi/w_i} + c(y_i, \phi, w_i)\right\}$$

とするのが主流です（先の式とは，$\theta_i, b, c$ が指すものは異なっていますが，それぞれの慣習上の記法を用いたことによる表面上の不整合です）．本書の範囲では，この部分の理論的な話は特に不可欠でないので，その限りでは，正準形の指数型分布族の理解としては先に示したほうの式で十分であるし，理解もしやすいと思います．ただし，いまの式に現れる**分散パラメータ**とよばれる $\phi$ だけは，あとで「逸脱度」の定義（2.7 節）で使用します．

GLM においては，線形表現で表されるものを $\hat{y}$ に限定せずに $g(\hat{y})$ とするわけですが，そのときに使われる関数 $g$ を**リンク関数**といいます．理論上は，リンク関数はかなり自由に決めることができますが，計算機に GLM の計算をさせるためのパッケージを作る際は，分布ごとリンク関数ごとに実装する必要があります．そのため，GLM の実際の一般利用者は，使用するパッケージにすでに用意されている分布とリンク関数との組のみを用いることができます．それでも GLM は，線形モデルと比べると，表現できる範囲が格段に広がっています．

たとえば，引き続き trees データセットについて考えると，線形モデルをあてはめることには，少なくとも次の 2 点で違和感があります．

1. 幹周と高さは，木材量に対して乗法的に効いてくると考えられるのに，線形モデルでは加法的に効いてくるように想定されてしまっている．
2. 木材量が大きくなれば，$\hat{y}$ の $y$ に対する（平均的な）ぶれ幅は大きくなって然るべきだが，線形モデルでは，変数 $Y_i$ は $i$ によらず分散が一定の正規分布に従うとしているので，このぶれ幅を観測対象によらず一定と見なしてしまっている．

GLM を用いるなら，1 点めは，リンク関数として対数関数を選ぶことによって対処できます．具体的には，リンク関数を対数関数とするとともに，説明変数も対数をとったものとし，線形表現を

$$g(\hat{y}) = \log\hat{y} = \beta_0 + \beta_1\log x_1 + \beta_2\log x_2$$

とします．すると，$c = e^{\beta_0}$ とすれば，

$$\hat{y} = c x_1^{\beta_1} x_2^{\beta_2}$$

というモデルになり，乗法的な効果を表現することができます．もちろん，説明変数の個数がもっと多くても，リンク関数に対数関数を使えば，同様の仕方で説明変数の効果を乗法的に捉えることができるので，大変有用です．リンク関数に対数関数を用いることを**対数リンク**と表現する場合があります．

2点め（ぶれ幅が一定とは思えない点）についても，GLMを用いるなら選択肢が広がります．たとえば $Y_i$ がガンマ分布に従うと想定すれば，$Y_i$ の分散は（実は）$\hat{y}_i^2$ に比例するとされることになるので，このほうが自然なモデルだと考えられる場合は多いと思われます．

いま述べた想定（ガンマ分布で対数リンク）でのGLMを実行すると，次のとおりです．

```
1  (model_3 <- model <-
2     glm(y ~ log(x_1) + log(x_2),
3         family = Gamma(link = "log")))
4  yhat <- fitted(model)
5  plot(y, yhat, main = model$call)
6  curve(identity, add = TRUE)
```

```
Call:  glm(formula = y ~ log(x_1) + log(x_2), family =
Gamma(link = "log"))

Coefficients:
(Intercept)     log(x_1)     log(x_2)
     -6.691        1.980        1.133

Degrees of Freedom: 30 Total (i.e. Null);  28 Residual
Null Deviance:       8.317
Residual Deviance: 0.1835        AIC: 139.9
```

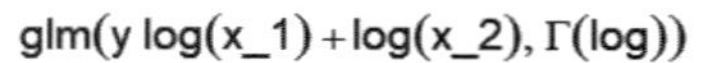


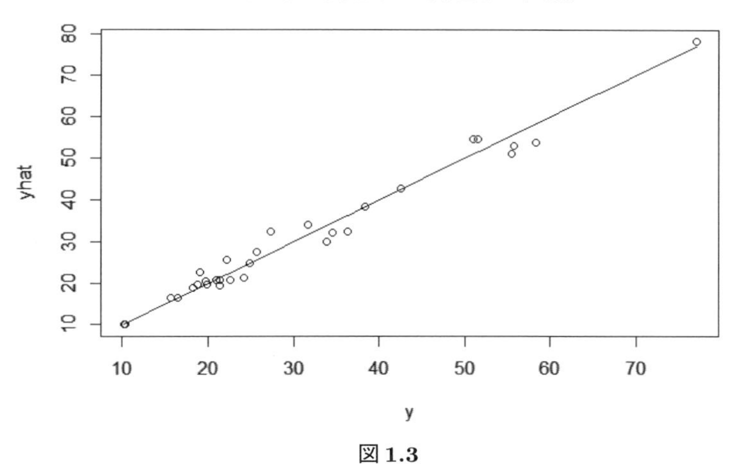


図 1.3

以上で見た3つのモデルのよさをAIC（小さいほどよい）で単純に比較してみると，たしかに次のとおりGLMが「最もよい」とされます．

```
1  cat(
2    "AICs:\n lm(x_1 + x_2):", AIC(model_1),
3    "\n lm(x_1 + x_2 + x_1 ^ 2):", AIC(model_2),
4    "\n glm(log(x_1) + log(x_2), Gamma(log)):", AIC(model_3)
5    )
```

```
AICs:
 lm(x_1 + x_2): 176.91
 lm(x_1 + x_2 + x_1 ^ 2): 153.5207
 glm(log(x_1) + log(x_2), Gamma(log)): 139.9014
```

以上で説明したGLMは，現象を自然な仕方で捉えたらどう表現されるか，という発想で得られたものではありません．最尤法を計算機で行うときに，高速で一意に精度の高い解を得ることができる範囲で線形モデルを拡張したとしたらどこまで広げられるか，という問題を追求することから得られるものでした．そのようなモデルを用いて予測を行おうとするのは，真のモデルというよりも有用なモデルを求め，予測の精確さを重視してモデル選択を行う，という予測モデリングの考えにまさしく沿ったことです．この点でGLMは，典型的な予測モデルといえます．

# 予測モデリングの基本概念

本書では，説明を要すると思われる用語について，使用に先立って体系的に「定義」しておいてから話を展開するといった堅苦しい形式はとらず，原則として，必要に応じて都度，説明を加えるスタイルとしています．それでも，いくつかの用語については，ある程度まとめて説明しておいたほうが好都合です．そこで，それなりに本書全体の展開も見えてきたと思われるこのあたりで，言葉の定義めいたことをまとめて行っておくこととし，本章を設けました．

統計科学の重要な基礎事項でありながら，本書では説明しないものも少なくない点はご了解ください．その取捨選択は難しかったですが，どの事項も，いったん説明をするとなるとそれなりに紙幅を要してしまうため，本書の話の展開上は言及しなくても支障はないと判断したものには，あえて最初から触れないようにしています．

## 2.1 ●●● データセット

モデリングの際には，データセットとよばれる標本が与えられます．本書で念頭に置くデータセットは表形式をしています．イメージ例は図 2.1 のとおりです．

Show 10 entries Search:

| | crim | zn | indus | chas | nox | rm | age | dis | rad | tax | ptratio | black | lstat | medv |
|---|---|---|---|---|---|---|---|---|---|---|---|---|---|---|
| 1 | 0.00632 | 18 | 2.31 | 0 | 0.538 | 6.575 | 65.2 | 4.09 | 1 | 296 | 15.3 | 396.9 | 4.98 | 24 |
| 2 | 0.02731 | 0 | 7.07 | 0 | 0.469 | 6.421 | 78.9 | 4.9671 | 2 | 242 | 17.8 | 396.9 | 9.14 | 21.6 |
| 3 | 0.02729 | 0 | 7.07 | 0 | 0.469 | 7.185 | 61.1 | 4.9671 | 2 | 242 | 17.8 | 392.83 | 4.03 | 34.7 |
| 4 | 0.03237 | 0 | 2.18 | 0 | 0.458 | 6.998 | 45.8 | 6.0622 | 3 | 222 | 18.7 | 394.63 | 2.94 | 33.4 |
| 5 | 0.06905 | 0 | 2.18 | 0 | 0.458 | 7.147 | 54.2 | 6.0622 | 3 | 222 | 18.7 | 396.9 | 5.33 | 36.2 |
| 6 | 0.02985 | 0 | 2.18 | 0 | 0.458 | 6.43 | 58.7 | 6.0622 | 3 | 222 | 18.7 | 394.12 | 5.21 | 28.7 |
| 7 | 0.08829 | 12.5 | 7.87 | 0 | 0.524 | 6.012 | 66.6 | 5.5605 | 5 | 311 | 15.2 | 395.6 | 12.43 | 22.9 |
| 8 | 0.14455 | 12.5 | 7.87 | 0 | 0.524 | 6.172 | 96.1 | 5.9505 | 5 | 311 | 15.2 | 396.9 | 19.15 | 27.1 |
| 9 | 0.21124 | 12.5 | 7.87 | 0 | 0.524 | 5.631 | 100 | 6.0821 | 5 | 311 | 15.2 | 386.63 | 29.93 | 16.5 |
| 10 | 0.17004 | 12.5 | 7.87 | 0 | 0.524 | 6.004 | 85.9 | 6.5921 | 5 | 311 | 15.2 | 386.71 | 17.1 | 18.9 |

Showing 1 to 10 of 506 entries Previous 1 2 3 4 5 … 51 Next

図 **2.1**

これは本書で実際に 7 章と 8 章で使うデータセットです．図では最初の 10 個の観察対象ぶんのデータだけ示されていますが，図の下のほうに記されているように，観測対象の数は 506 で，この表示方法だと実際には 51 ページぶんのデータがあります．

データセットにおいては，各列の名前を示す行（ヘッダー）を除くと，各行は個々の観測対象に対応します．観測対象の個数 $n$（いまの例では 506）は**標本サイズ**とよばれます．

表の各列は，標本サイズと同じ $n$ 個の成分を縦 1 列に並べたものであり，便宜上（また，実際に R 言語上も）長さ $n$ の**ベクトル**と考えます．列の中には，通し番号を並べたベクトルのように，情報としては補助的なものにすぎないものもありますが，列の多く（ないしほとんど）は，**特徴量**（feature）とよばれる変数に対応しています．

予測モデリングでは，何らかのデータセットをもとに，モデルを構築します．モデルを構築するために使うデータセットを**学習データセット**ないし**学習データ**といいます．そして，学習データをもとにモデルを構築することを**学習する**または**訓練する**（train）と称します．学習の過程では，学習データの一部を使って暫定的なモデルを作るといったことを繰り返す場合があり，そのときに使っているデータのみを指して「学習データ」とよぶことがあります．つまり，学習に使えるすべてのデータを指して学習データとよぶ場合と，現に学習に使っているもの（つまり，いま述べた「学習データ」の一部）のみを指す場合がありますので，適宜，文脈にはご注意ください．

学習データは，英語では training data と称される場合が多く，その対語には testing data（テストデータ）と validation data（検証データ）とがあります．いずれも，文脈によって指すものが微妙に異なる場合があります．本書では，これらの用語の代わりに，意味が曖昧にならないように，「ホールドアウトデータ」や，（クロスバリデーションというものに関連する場合に限定して）「バリデーションデータ」という語を使いますが，それぞれの意味はのちほど（3.5.2 ほかで）説明します．

構築したモデルを何らかのデータにあてはめるとき，（それが学習データであっても，テストや検証用のデータであっても）そのデータのことを**適用データ**（fitting data）といいます．モデルを予測のためにデータにあてはめた場合，もちろん，予測値が出力されます．それに対し，（正解がわかっている）学習データにあてはめた場合には，（「予測」をしているわけではないので）その出力値を**適合値**という場合があります．ただし，予測値と適合値とを言い分けるのは煩雑であり，また，実のところ，両方に同時に言及したい場合が多いので，（引き続き「適合値」という語も用いるものの）特に区別する必要がないときは，いま述べた「適合値」も含めて「予測値」とよぶことにします．

## 2.2 ●●● 教師あり学習と教師なし学習

機械学習の話をするときには，教師あり学習と教師なし学習の区別をします．ほかにも，その中間的なもの（半教師あり学習）もありますし，強化学習という重要な分野もありますが，ここではごく簡単に，教師あり学習と教師なし学習の区別だけ導入しておきます．

モデルをあてはめたときの適合値に対する「正解」である実際の観測値が

学習データの中に含まれており，予測のためのモデル構築を，その正解の情報を使って行うとき，その学習は**教師あり学習**とよばれます．教師あり学習のうち，正解が量的な値として与えられるものを**回帰問題**といい，正解が（分類されるグループの名前など）質的な値として与えられるものを**分類問題**といいます．2値に分類する問題は**判別問題**という場合もあります．

学習データの中に「正解」が含まれていない場合の学習を**教師なし学習**といいます．本書に登場する教師なし学習の例は，クラスター分析（クラスタリング）と主成分分析です．

## 2.3 ●●● モデル

モデル（特に回帰問題に対するもの）に関する基本的な用語を導入しておきます．

そのために，まずは，最も単純なモデルの一例として，**線形回帰モデル**

$$Y_i \sim \mathrm{N}(\mu_i, \sigma^2), \quad i = 1, \ldots, n$$
$$\mu_i = \beta_0 + \beta_1 x_{i1} + \cdots + \beta_p x_{ip}$$

を考えてみましょう．

ここで $Y_i$ は，説明や予測をしたい変数であり，（モデルをあてはめるデータセット内の）$i$ 番めの観測対象に対応しています．説明や予測をしたいこのような変数のことを，（線形回帰モデルに限らず）**目的変数**とよび，本書では確率変数として表現します．

上で示したうちの第1式は，それが平均 $\mu_i$，分散 $\sigma^2$ の正規分布に従うと想定されていることを表しています．第2式の左辺の $\mu_i$ は目的変数 $Y_i$ の期待値であり，それが右辺の式によって与えられると想定されています．そしてその式は，本モデルの場合には，ある種の線形表現となっており，「線形回帰モデル」とよばれるゆえんです．

第2式の中の $x_{i1}, \ldots, x_{ip}$ は，$i$ 番めの観測対象に対応する $p$ 個の特徴量を表す変数（ないしその観測値）です．こうしてモデルに実際に組み込まれた場合には，（線形回帰モデルの場合に限らず）特に**説明変数**とよばれます．

$\beta_0, \beta_1, \ldots, \beta_p$ は**回帰係数**とよばれ，特に $\beta_0$ は**切片項**とよばれます．回帰問

題のためのモデルで同様の表現が使われる場合（たとえばGLMの場合）は，線形回帰モデルの場合に限らず，同様に「回帰係数」「切片項」という用語を使います．目的変数と各説明変数は，$n$個の観測対象ごとに定まっているのに対し，回帰係数のほうは（モデルが特定されたときには）観測対象によらずに一律に決まります．

この線形回帰モデルを，予測モデルとして用いる場合，$Y_i$の実現値（実際の観測値）を$y_i$とすると，上記の$\mu_i$は$y_i$の推定値$\hat{y}_i$として用いられます．つまり，

$$\hat{y}_i = \beta_0 + \beta_1 x_{i1} + \cdots + \beta_p x_{ip}$$

となります．

本書で想定する**モデル**は，一般にも，この線形回帰モデルの場合と同様に，特徴量を入力として何らかの出力を返す関数の機能をもちます．つまり，適用データの特徴量$x_{i1}, \ldots, x_{ip}$を入力とする関数$f(x_{i1}, \ldots, x_{ip})$としての機能をもちます．そのようなモデルのうち，関数の値が，目的変数$Y_i$の実現値$y_i$の推定値$\hat{y}_i$を表しているもの，つまり，

$$\hat{y}_i = f(x_{i1}, \ldots, x_{ip})$$

となっているものを**回帰モデル**とよびます．ただし，ある単調関数$g$とある関数$f$について，

$$g(\hat{y}_i) = f(x_{i1}, \ldots, x_{ip})$$

となっているものを「回帰モデル」とよんでも数学的には同じです（たしかに，もとの式の両辺にそれぞれ関数$g$を施して，右辺の$g(f(\cdots))$をあらためて$f(\cdots)$と書き直せば同じです）．そこで，一般の回帰モデルは，GLMのときに登場するリンク関数$g$を念頭に置きつつ，いま見たように左辺に関数$g$を施した形で捉えておくこととします（次節参照）．

「説明変数」と「特徴量」という用語について少し補足しておきます．一般には，この両者はかなり近い意味で用いられることが多く，統計科学分野では「説明変数」という用語がよく使われ，機械学習分野では「特徴量」という用語がよく使われる傾向があります．本書では，特徴量は，モデルとは切り離しても考えることができるものとして捉え，モデルに採用される

説明変数の候補すべてを指します．これに対し，個々のモデルに対する説明変数は，狭い意味では，出力値に対して真に影響のあるものだけを指します．そのため，「特徴量のうちから説明変数を選択する」という言い方をし，そうした選択を**変数選択**と称します．ただし，説明変数と称しても特徴量と称しても同じこととなる文脈も多いため，用語として，必ずしも峻別して用いるわけではありません．

## 2.4 ●●● 加法的なモデルと交互作用

特徴量と目的変数との関係を理解するとき，加法的かどうかに着目することや，「交互作用」という概念を用いることが役立ちますので，それらの説明をしておきます．

前節の記法を引き続き使います．すると，

$$g(\hat{y}_i) = f(x_{i1}, \ldots, x_{ip})$$

と書けるものが回帰モデルでした．この右辺の関数 $f$ が

$$f(x_1, \ldots, x_p) = \beta_0 + f_1(x_1) + f_2(x_2, \ldots, x_p)$$

という形をしている場合の回帰モデルは，変数 $x_1$ について**加法的**であるといいます．特に，

$$f(x_1, \ldots, x_p) = \beta_0 + f_1(x_1) + \cdots + f_p(x_p)$$

という形をしている場合の回帰モデルを，変数 $x_1, \ldots, x_p$ についての**加法モデル**といいます．

これに対し，回帰モデルに対応する関数 $f$ を有限個の項の和の形で表したとき，単独の変数の関数の和の形にはもはや分解できない項がある場合，その項のことを，その項の関数に現れる変数の**交互作用項**といいます．例を挙げていえば，$f(x_1, x_2)$ が，

$$f(x_1, x_2) = \beta_0 + f_1(x_1) + f_2(x_2)$$

という形では書けず，

$$f(x_1, x_2) = \beta_0 + f_1(x_1) + f_2(x_2) + f_3(x_1, x_2)$$

という形でしか書けない場合があります．このとき，この回帰モデルは変数 $x_1,x_2$ についての加法モデルではなく，$f_3(x_1,x_2)$ という項は，$x_1$ と $x_2$ の交互作用項とよばれます．ただし，たとえば，

$$f(x_1,x_2)=\beta_0+\beta_1x_1+\beta_2x_2+\beta_3x_1x_2$$

のとき，この回帰モデルは，この表現の限りは，変数 $x_1,x_2$ についての加法モデルではありませんが，$x_3=x_1x_2$ というように変数 $x_3$ を定義して，この回帰モデルに対応する関数を

$$g(x_1,x_2,x_3)=\beta_0+\beta_1x_1+\beta_2x_2+\beta_3x_3$$

と書くことにすれば，この回帰モデルは変数 $x_1$ についても $x_2$ についても加法的であり，変数 $x_1,x_2,x_3$ についての加法モデルだということになります．

加法モデルは，特徴量と目的変数との関係がわかりやすいモデルだといえます．その一方，交互作用項が含まれるモデルは，そのぶんわかりにくく，交互作用項が多かったり，多変数の交互作用項があったりすると，単純なモデルとはいいがたくなります．特に，加法的な項がほとんど（ないしまったく）なく，複雑な交互作用項でしか表現できない予測モデルは，特徴量の観測値から予測値を求める計算が人間には把握しがたい複雑さをもっているという意味でブラックボックスだといえます．

## 2.5 ●●● モデルのパラメータ

上で述べたように，モデルは関数として捉えられますが，その関数は，実際の計算上は，典型的には，何らかの有限個の係数を決定することによって決定されます．そうして決定される係数を，**パラメータ**とよびます．

パラメータは，その推測方法に応じて，いくつかの種類に区別しておいたほうがよいです．というのも，実用上のモデルでは，学習データをもとに，そのパラメータを計算機によって自動計算する環境が整っていますが，パラメータの一部には，そうした自動計算の対象とならないものがあるからです．

1つには，モデリングの目的からすると値を特定する必要がないパラメー

タがあり，**局外パラメータ**（nuisance parameter）とよばれます．たとえば，単純な線形回帰モデルの場合，目的変数が従う正規分布の分散は（すべての観測対象について一定と想定し）局外パラメータと見なすことが多いです．

もう1つは，**ハイパーパラメータ**とよばれるものです．利用者が指定するなり，上で述べた自動計算とは別の何らかの手法に基づくなりして決定します．たとえば，線形回帰モデルでも，特徴量を加工して（2次式や3次式など）多項式で考えるかもしれません（2次式の例は，18ページ参照）．その場合の多項式の次数は，ハイパーパラメータの例です．予測精度が高いと期待されるさまざまなモデルのもつハイパーパラメータの例は，あと（7章以降）で種々のモデルを紹介する中でいくつも登場します．

パラメータの自動計算は，何らかの最適化問題を数値計算で解くことによって実行されるのが典型です．それに対し，ハイパーパラメータの決定は，典型的には，AICなどの情報量規準や，クロスバリデーションという手法を使って行います．クロスバリデーションについては，次章以降で詳しく扱います．

## 2.6 ●●● 残差と誤差

予測モデルが実際のデータにうまくあてはまっているかを測るための基礎として，残差と誤差という概念があります．

回帰モデルをデータにあてはめるとき，$y_i$ を実際の観測値，$\hat{y}_i$ を適合値ないし予測値とすると，

$$y_i - \hat{y}_i$$

のことを，$i$ 番めの観測対象に対する**残差**（residual）といいます．$\hat{y}_i$ が予測値の場合には，区別して**予測残差**ともいいます．また，予測残差のことを「予測誤差」という場合もありますが，紛らわしいので，本書では「予測誤差」をこの意味で使うことはありません．

残差は，学習データに対するモデルの適合具合を測る尺度の基礎となります．残差の2乗を**2乗残差**といいます．データセットに対する適合具合

の代表的な尺度には，学習データ全体について2乗残差を平均した**平均2乗残差**や，その（正の）平方根である**RMSR**（root mean squared residual）などがあります．習慣上，こうして尺度として計算された（負にはならない）値のことも「残差」とよびます．実のところ，「残差が大きい（小さい）」という表現を使うときは，まず間違いなく，（狭義の残差の値ではなく）こうした尺度の値（ないし残差の絶対値の値）が大きい（小さい）と述べています．

回帰モデルを予測のためのデータにあてはめた場合の残差である**予測残差**は，モデルの予測精度を測る尺度の基礎となります．予測残差の2乗を**2乗誤差**といいます．データセットにあてはめたときの代表的な予測精度の尺度には，予測の対象としたデータ全体について2乗誤差を平均した**MSE**（平均2乗誤差．mean squared error）や，その（正の）平方根である**RMSE**（root mean squared error）や，予測残差の絶対値を，予測の対象としたデータ全体について平均した**MAE**（mean absolute error）などがあります．こうした予測精度の尺度によって実際に求められた値のことを，そのデータセットに対するそのモデルの**予測誤差**といいます．文脈上明らかであれば，予測誤差のことを単に**誤差**とよぶこともあります．

なお，データに重みづけ$w_i$がある場合には，平均2乗残差を例としていえば，学習データの標本サイズを$n$としたとき，平均2乗残差は，$\dfrac{1}{n}\sum_{i=1}^{n}(y_i-\hat{y}_i)^2$ではなくて，

$$\frac{1}{W}\sum_{i=1}^{n}w_i(y_i-\hat{y}_i)^2$$

となります．ここで，$W=\sum_{i=1}^{n}w_i$です．

## 2.7 ●●● 逸脱度

2乗残差や2乗誤差は，式が単純という意味でわかりやすいですが，回帰問題の種類によっては不適切な尺度となります．直感的にいっても，予測

したいのが確率の場合，2 乗誤差が同じ $(1\%)^2$ だったとしても，本当は 51% のところを 50% と予測したのは予測を大きく外してはいないといえる場面が多そうですが，本当は 2% のところを 1% と予測したのは予測を大きく外したといえる場面が多そうです．あるいは，件数の予測をして，2 乗誤差が同じ 81 という値だったとしても，本当は 1009 件のところを 1000 件と予測したのはほぼ正確な予測といえそうですが，本当は 10 件のところを 1 件と予測したのは大きく予測を外したといえそうです．

こうした不具合が生じないようにするためには，目的変数がどのような分布に従うかに配慮しないといけません．具体的な方法としては，2 乗残差（ないし 2 乗誤差）を一般化した概念である逸脱度というものがあるので，それを尺度として使うことが考えられます．

前節と同じ記号を用いると，実際の値が $\mathbf{y}=(y_1,\ldots,y_n)$ で適合値（ないし予測値）が $\hat{\mathbf{y}}=(\hat{y}_1,\ldots,\hat{y}_n)$ であった場合の**逸脱度** $D$ は，（正準形の）指数型分布族の分布（20 ページ参照）に対して定義され，次の式で計算されます（$W$ で割らない流儀もあります）．

$$D=\frac{2\phi}{W}(\ell(\mathbf{y})-\ell(\hat{\mathbf{y}}))$$

ここで $\ell$ は対数尤度関数で，$\phi$ は分散パラメータ（21 ページ参照）です．

分布が正規分布 $N(\hat{y}_i,\sigma^2)$ のときには（実は）$\phi=\sigma^2$ であり，

$$D=\frac{1}{W}\sum_{i=1}^{n}w_i(y_i-\hat{y}_i)^2$$

となって，平均 2 乗残差や平均 2 乗誤差に一致します．もちろん，重みづけがない（$w_i=1$）場合には

$$D=\frac{1}{n}\sum_{i=1}^{n}(y_i-\hat{y}_i)^2$$

となります．

何らかの確率を予測する場合には，モデルにおける目的変数は 0（発生しない）か 1（発生する）をとる変数です．そのため，この場合には，目的変数がベルヌーイ分布に従うと想定して，

$$D=-\frac{2}{W}\sum_{i=1}^{n}w_i\{y_i\log\hat{y}_i+(1-y_i)\log(1-\hat{y}_i)\}$$

として計算される**ベルヌーイ逸脱度**を採用するのが自然です．ベルヌーイ逸脱度を2で割ったものは**Log Loss**とよばれ，予測精度の尺度によく使われていますが，もちろん本質的には同じものです．

何らかの件数を予測する場合には，目的変数がポアソン分布に従うと想定して，

$$D = \frac{2}{W}\sum_{i=1}^{n} w_i \left\{ y_i \log\left(\frac{y_i}{\hat{y}_i}\right) - (y_i - \hat{y}_i) \right\}$$

として計算される**ポアソン逸脱度**を採用するのが自然です．

## 2.8 ●●● 適合不足と過剰適合

残差が大きいモデルは，学習データによく適合していないといえます．学習データによく適合していないモデルは，予測誤差が小さくなることは期待できません．残差も誤差も大きいモデルは**適合不足**（underfitting）であるといいます．

しかしながら，残差が小さく，学習データによく適合しているモデルが，つねに予測誤差が小さいモデルであるとは限りません．（信号理論などでいう）シグナルとノイズという言葉を使って比喩的に述べるなら，モデルが，学習データのもつノイズに引きずられてしまうと，学習データにはよく適合しても，実際に予測したいデータに対してはよく適合しないということが起こります．そのように，残差は小さいにもかかわらず誤差の大きいモデルは，**過剰適合**（overfitting）している，ないし，**過学習**しているといいます．

現代では，非常に柔軟な表現力をもつモデルが多いため，モデリングの際には，（適合不足というよりは）過剰適合しないように十分に配慮する必要があります．モデリングの手順においても，この点の配慮がきわめて重要であり，次章以降で詳しく扱います．

# 予測モデリングの基本手順

本章ではいよいよ予測モデリングの基本手順を紹介します．先に基本手順の全体像を紹介し，そのあとで各段階を1つひとつ紹介します．

## 3.1 ●●● 基本手順の全体像

本書では，予測モデリングの基本手順を以下のような8段階に分けて論じます．

1. モデリング前の課題設定
2. データの入手
3. データクレンジング
4. データの前処理
5. EDA（探索的データ解析）
6. モデル構築（狭義のモデリング）
7. モデルの選択・評価
8. 予測の実行・説明

このように形式上は順番をつけていますが，実際の（本格的な）モデリングにおいては，この手順は一方通行では全然ありません．実際には，各段階の途中結果次第で，適宜行きつ戻りつします．

こうした手順の原型は相当昔からあるはずですが，はっきりとした起源はわかりません．というよりも，おそらくは，同様の手順が独立にさまざまに実行されてきたと思われ，起源を特定しようとすることにあまり意味はないでしょう．とはいえ，この手の手順を考えるときには，重要な先駆者として，ジョージ・ボックスの名は挙げておいたほうがよいと思います．予測モデリング文化の思想を象徴的に表すことのできる名言「どんなモデルも間違っている」（11ページ参照）を述べたあのボックスです．

ボックスの名前を含む「ボックス＝ジェンキンス法（Box-Jenkins method）」とよばれる一種の手順（1970年に書かれたボックスとジェンキンスによる共著（Box et al. (1970)）に示されたものが有名）があります．それは，時系列解析においてARMAやARIMAといったモデル（この2つのモデルの一方ないし両方を「ボックス＝ジェンキンスモデル」とよぶ場合もあります）を含む種々のモデルの中から適切なモデルを選んで，パラメータの決定までを行う手順です．この手順は，その名前とともに有名ですが，少なくともボックスは，その手の手順を時系列解析に限らない，もっと一般的な場合でも適用できると考えていて（たとえばBox (1980) 参照），かつ，こうした手順を広めた功績はよく知られています．その典型的な手順を簡単に図式化すると，図3.1のとおりとなります（この図自体は，アクチュアリーたちが国際的に協力して作っている *Loss Data Analytics* というオンライン上の教科書（`https://ewfrees.github.io/Loss-Data-Analytics/`）に載っている図をもとに作成しました）．

この手順の中で，可視化（ボックスの言い方だと“Plots”）が重視されている点と，途中でモデルの構築と診断を繰り返すことが強く意識されている点には特に注意すべきでしょう．それらを重視するところは，本書で示す手順でも同じです．

図3.2は，ボックスの論文と比べればずっと最近の論文（Shmueli (2010)）で示されている手順です．

データ
可視化
理論
モデル構築
データへの適合
診断
OK
推測

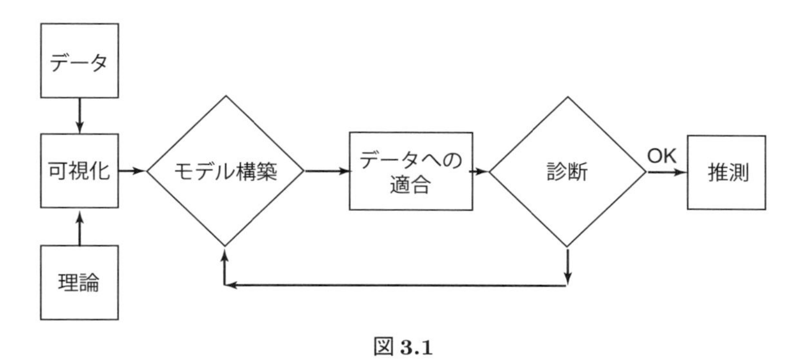

図 3.1

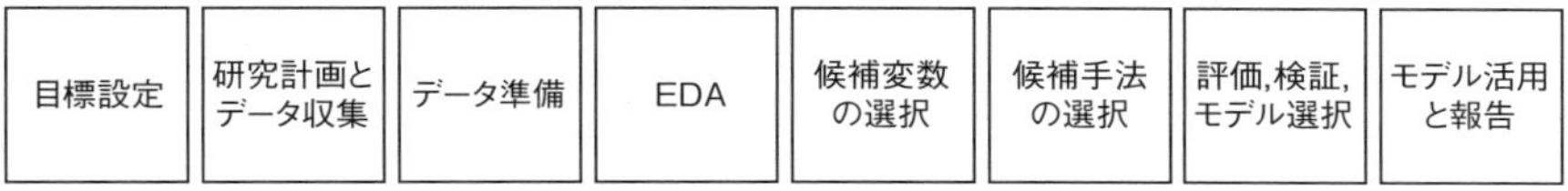

目標設定
研究計画とデータ収集
データ準備
EDA
候補変数の選択
候補手法の選択
評価,検証,モデル選択
モデル活用と報告

図 3.2

この論文はさほど有名ではないですが，予測の観点と説明の観点を同時に論じた好論文です．本書が目指すモデリングはまさにその 2 つの観点の両立です．そして，いま示した手順（ただし，実際には一方通行ではなく行きつ戻りつする）は，同論文によれば，予測を主眼とする場合にも説明を主眼とする場合にも共通してとられるとのことです．それゆえ，同論文の主張に従うならば，この手順は，本書がまさしく求めているものとなります．また，モデリングの実務に携わっている者から見ても，これは，特に違和感のない手順でしょう．

とはいえ，手順の段階をどこで切り分け，どこを統合するかといった点や，個々の段階をどう表現するかの細かい点についてまで，これに従う必要はありません．たとえば，同論文は（実務だけでなく）科学研究におけるモデリングも視野に入れた論考であるため，その論考の目的に合うようにこの手順は記されています．

確認しておきたいのは，こうして学術的に議論されている手順も，実務家が用いるべき手順も，基本的なところは共通しているという点です．その一方で，細部にいたるまで「こうでなければならない」というものではありません．実のところ，本章で提示する「予測モデリングの基本手順」にしても，本書なりの一表現にすぎません．モデリングを実際に行う際は，そのときそのときの目的等に合うように，適宜微調整しながら利用してください．

本章の以下の部分では，「基本手順」の各段階を1つひとつ見ていきます．ただし，最初の3段階（「モデリング前の課題設定」「データの入手」「データクレンジング」）と最後の段階（「予測の実行・説明」）は，ごく簡単にのみ触れます．それは，それらの段階が重要でないからではありません．とりわけ，最初の3段階は，重要でもあるし，モデリングの手順の中で最も時間を要する部分だともいわれます．しかしながら，本書の目的が，モデリング全体を理解する「入門」であることからすると，そうした前段階や，最後の段階よりも，モデル構築やモデルの選択・評価およびそれらの直接の準備に関わる部分のほうが，「学ぶ」順番としてはずっと優先順位が高いと考えた次第です．

## 3.2 ●●● モデリング前の課題設定

「問題がきちんと表現できたら，問題は半分解決している」という名言があります．アメリカの発明家チャールズ・ケタリング（1876–1958）の言葉とされることが多いですが，同様のことはもっと昔からいわれていたかもしれません．アルベルト・アインシュタイン（1879–1955）は，あるとき，「もしも，巨大彗星が衝突して地球が破滅するまであと1時間だと知らされたらどうしますか」と問われたのに対し，「55分は問題をどう定式化すべきかについて考え，残り5分でその問題を解こうとするでしょう」と答えたという伝聞もあります．

こうした名言を待たずとも，いろいろな問題解決に携わってきた人なら，**課題設定**の重要性はよく知っているでしょう．そうでなくても，課題設定が間違っていたら，何やら答えが出てもほとんど無意味となるということは想像がつくでしょう．そしてもちろん，予測モデリングも例外ではなく，課題設定はきわめて重要です．

実務のことを念頭に置くならば，解決すべき課題とは，ビジネス上，業務上の問題でしょう．課題を見出したり，理解したり，定式化したりするには，統計科学や機械学習に関する知識や技能だけでなく，当のビジネスや業務に関する知識や技能，いわゆる**領域知識**も必要です．

領域知識があることによって，KPI（Key Performance Indicator. 重要業績評価指標）を的確に設定したり，課題解決によるビジネス上のインパクトを予想したりすることが可能となります．領域知識が十分でない場合は，周囲の人間を巻き込んでプロジェクト化する必要があります．その際には，コミュニケーション能力も問われるでしょう．

いずれにせよ，幅広い観点から，課題設定がなされる必要があります．

## 3.3 ●●● データの入手

統計モデリングを行うには，データがないとはじまりません．課題が設定されたら，その課題を解決するためのデータを入手する必要があります．もちろん，データが先にあって，そこから課題を見出す場合もあるでしょう．しかし，その場合でも，その課題を解決するためにはさらにデータを入手する必要があるかもしれません．いずれにせよ，**データの入手**がモデリングの手順として不可欠であることは明らかでしょう．

データを的確に入手するためには，領域知識とともに，データ処理一般についての知識もいろいろと必要になってきます．データ入手に関連するデータ処理技術の一部ないし大半は，モデリングを行う分析者自身が必ずしも直接携わる必要はなく，他の協働者と分業したり外部委託したりすることが合理的な場合も多いと思われます． しかし，どういった作業や技術があるかについての概要は（本書では触れる余裕はありませんでしたが），分析者も知っておく必要があります．

## 3.4 ●●● データクレンジング

データクレンジングとは，入手したデータを，統計ソフト等で統計処理が直接扱える形式にまで整備することをいいます．

作業の中には，形式的なデータ成形（たとえば，統計ソフトと互換性のない文字列で入力されているものを互換性のあるものに一律変換したり，帳票によって入力方法が不統一なものを揃えたり，そもそも表形式に整っていないものから無駄な情報を省いて表形式にまとめたりなど）も含まれます．それ以外にも，場合によっては最も負荷のかかる作業として，いま述べたような成形後になお残る，統計処理上は想定していないデータ不備への対処があり，典型例は，誤記入データへの対処です．そうしたデータ不備への対処の中には，EDA によって発見されたものを含め，欠測値や外れ値への対処の一部も含まれます（ただし，モデル構築過程で対処すべきデータ処理，たとえば，もともと一定程度の欠損値があることを統計モデル上に組み込んで処理を行う場合などは，ここには含まれません）．

こうしたデータクレンジングは非常に重要であり，実際のモデリングにおいては，時間も負荷も最も多くかかる段階となることも多いです．

## 3.5 ●●● データの前処理

データの入手とデータクレンジングが済んでいても，一般にはすぐにモデルが構築できるわけではなく，いろいろとデータの前処理が必要です．統計ソフト等で直接扱える形式に事前に整備されたデータを，モデル構築に適切な内容に加工し終えるまでの作業が**データの前処理**です．なお，文献によっては，上述のデータ入手やデータクレンジングの一部ないし全部を含めて「前処理」という場合がありますが，ここではもっと狭い意味としています．

### 3.5.1　前処理の種類

データの加工が「前処理」の中心部分ですが，加工の前にまずは以下の点を確認する必要があります．

どういう項目があるか，各項目の意味は何か，項目どうしに重複はないか，各項目はどのような種類の値（連続量，計数値，階級名，…）をとるか，各項目のデータにはどれくらい欠損値があるか，欠損値はどのようにコード化されているか．

こうしたことを踏まえたうえで，データの前処理を進めていきます．そうした前処理には，たとえば次のような作業があります．

1. 候補となる全モデル共通の特徴量や目的変数の抽出や変換
2. いろいろな目的でのデータの分割
3. 各モデルに応じた前処理

このうちの3は，モデルごとの個別性が高く，また，モデル構築の段階の作業と位置づけても問題ないと思われるので，本節の以下の部分では触れません．

上記1に対応するデータの前処理では，もとのデータを適切な形式に整え，特徴量や目的変数を抽出し，あるいは，生のデータから目的変数を加工して作ったり，新たな特徴量を加工（**特徴量エンジニアリング**ともいう）して作ったりします．こうした作業は，EDAやモデル構築の前に一通り行いますが，その後のモデリングを進めていく過程で，ふたたび特徴量の加工を行う場合もあります．

これ以降は，便宜のため，使用するモデルはどれも，表形式のデータを要求するものとします．Rでいえば，データフレームないし行列の形のデータを要求するものとします．また，その表形式の各行は観測対象の各個体に対応し，各列は，目的変数と，説明変数（の候補）として用いられる各特徴量と，その他の情報（たとえば観測期間や重みなど）とを表すものと考えます．

### 3.5.2 データの分割

ここからは，上記2の「データの分割」の話をします．

**データの分割**とは，モデリングする際に与えられているデータに含まれる全観測対象から一部を（典型的にはランダムに）抽出して2つ以上のグループに分けることです．この作業は，このあとに記すように，データの前処理のとき以外にも行いますが，いずれの場合も共通点は多いし，互いに密接な関係もあるので，データの分割については，前処理時のものに限定せずここでまとめて紹介しておきます．

一般に，使えるデータをすべて使ってモデルを単純に適合させようとすると，「適合しすぎ（過剰適合）」に陥ってしまい，肝心の予測の際に，期待しているような予測精度が出ない，といったことが生じやすくなります．こうした過剰適合を防ぐことを大きな目的として，データの分割は，以下のようなさまざまな用途で使われます．

1. 成績判定

   コンペの成績判定のためや，研究目的でのモデルどうしの成績比較のために，用意されたデータを，モデリング用データと成績判定用データへと分割することがあります．この場合，モデリングにはモデリング用データのみを用い，構築したモデルを成績判定用データに適用し，予測誤差を測定します．もしも，用意されたデータをすべて使ってモデリングを行い，その適合具合で成績を単純に評価してしまうと，過剰適合しているモデルを高く評価しがちになります．それを防いで適正な評価を行うためには，上記のようにデータを分割するのが，客観的で公平で簡便な方法です．

コンペや研究目的でない場合には，この分割は行われず，用意された全データ（のうちで正解がわかっているもの）がモデリング用データとされます．そして，そのデータで構築して最終決定したモデルは，正解のまだ知られていない予測用データに適用されて予測値が求められます．もちろん，最終決定されるモデルが過剰適合していてはいけません．以下に挙げるのは，過剰適合を避けるために，モデリングの最中に行われるデータの分割の用途です．

2. ホールドアウト

モデリング用の全データを使ってモデル構築を行うことによる過剰適合を回避するために，モデリング用データを（たとえば75%と25%の）2つに分割し，一方（この場合25%のほう）のデータを，モデルを完全に決定する直前まで使用せずにとっておき，最終的な選択や評価に用いる，といったことを行います．こうしてデータをとっておくことを**ホールドアウト**といい，とっておくデータのことを**ホールドアウトデータ**といいます（図3.3）．

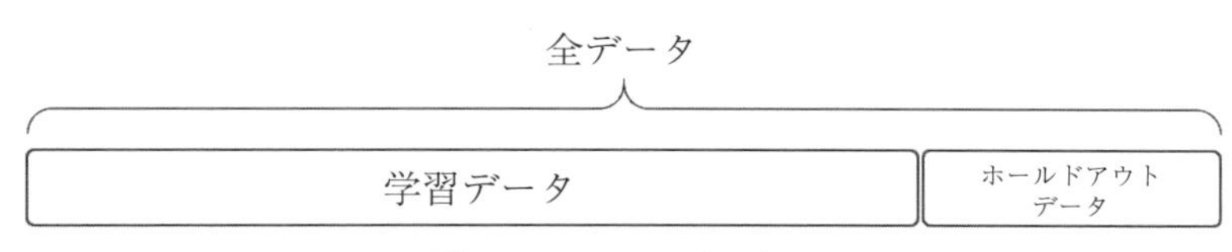


図**3.3** ホールドアウト

3. モデル選択用クロスバリデーション

ホールドアウトによるモデル選択や評価は大変わかりやすいですが，たった1通りのホールドアウトデータへの依存度が高いので，予測精度をより慎重に追求すべきときは，ホールドアウトをいわば多重に行う「クロスバリデーション」というものを実施する場合があります．クロスバリデーションについては後述しますが，その実施の際には，モデリング用データをたとえば5個とか10個とかに分割します．

4. チューニング用クロスバリデーション

ハイパーパラメータがあるモデルの場合，データにクロスバリデーションを実施してハイパーパラメータを調整（**チューニング**）する場合があります．そのクロスバリデーションの際にもやはりデータを5個とか10個とかに分割します．

さて，本書でいう**クロスバリデーション**（cross validation．以下，「CV」）

は，いわゆる $k$ 分割（$k$-fold）CV のことです．CV は，上で述べたように，モデルを比較して選択したり，ハイパーパラメータのチューニングのために使えるほか，選んだモデルの予測精度を見積もるのにも使えます．

CV では，対象となるデータを 5 個とか 10 個とか状況にあった適当な個数（ここの説明では 4 個とする）に分割します（図 3.4）．そして，そのうちの 1 個を検証用の適用データ（バリデーションデータといいます）とし，残り（いまの場合は 3 個）を学習データとして用いて，比較したい複数のモデル（ハイパーモデルのチューニングの場合には，ハイパーパラメータの値をさまざまに変えただけの同一モデル）や，予測精度を見積もりたいモデルを構築し，それらのモデルを適用データに適用して予測誤差（典型的には平均 2 乗誤差（MSE）や逸脱度）を測ります．この手続きを，（いまの例でいえば）4 つに分けたデータをそれぞれ適用データとする 4 通りすべてに対して行います．その結果得られる予測誤差に関する情報（典型的には予測誤差の平均値）をもとに，予測精度が高いと見込まれるモデルやハイパーパラメータを選択したり，予測精度自体を見積もったりします．

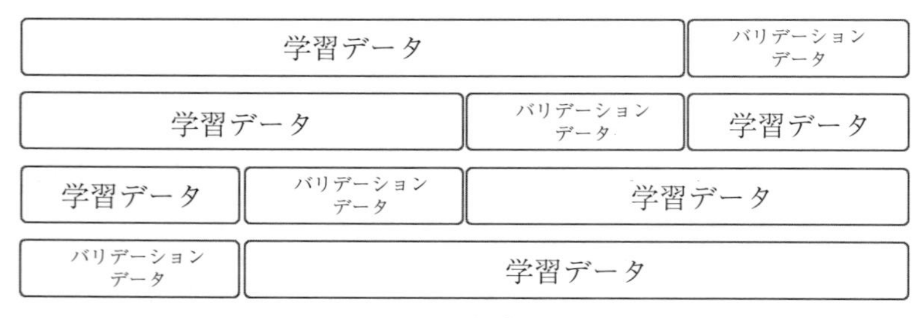


**図 3.4　4 分割 CV**

本書が主に念頭に置いているデータの分割は，典型的には，乱数を使って行います．乱数を使うと，実行するたびにいろいろな結果が変わってくる可能性があります．再現性を確保する，つまり，あとで同じコードを実行したときに同じ結果になるようにするためには，乱数を使う箇所で乱数シードを設定（R の場合は `set.seed` 関数で設定）しておく必要があります．

CV の結果が分割の仕方に依存しないようにすることは，分割数を標本サイズ $n$ とすることによって可能です．その場合，$n-1$ 個を学習データにして残り1個をバリデーションデータにする，ということを $n$ 回繰り返すことになります．この方法を（毎回1個だけ残すという意味で）**LOOCV**（Leave One Out CV）といいます．容易に想像がつくように，これを実行するには大量の時間を要するので，標本サイズによっては実際的ではありません．

Rでは，データを分割する方法がいろいろと用意されています．CVというひとまとまりの作業についても，パッケージの利用も含め，いろいろな実現方法があります．そうした中で，具体的にどういう方法でそれらを実現するかは，モデリングにおける前後の手順でどのような方法を用いているかにも依存します．そこで，ここですぐには具体的なRコード例は示さず，具体例は，後に示す実例におけるものを参照してもらうこととします．

ここまでは，データ全体を，乱数を使っていわば公平に分割する方法だけ紹介し，また，本書でこれ以降示す「データの分割」の実例もその種のものだけです．ですが，実際にはもっと別の分割方法もあるので，以下でごく簡単に触れておきます．

データの性質や，モデリングの目的によっては，全体を単純に乱数によって分割するのではなく，層化サンプリングとよばれる方法を用います．**層化サンプリング**では，観測対象の集団を，注目すべき何らかの特性の違いによって，あらかじめいくつかの部分集団に分けておきます．その作業を**層化**といいます．そのうえで，それぞれの部分集団から，データの性質やモデリングの目的に適った割合で（最も単純には，どの部分からも同じ割合で）対象を（典型的には乱数を使って）抽出することによって，データを分割します．

また，目的変数の時間的な変化（「時間的な発展（development）」ともいいます）を捉えることが重要な課題の場合には，データをある時点を境に分割するのが自然です．たとえば，5年ぶんのデータのうち最初の4年ぶんを学習データとしてモデル構築し，最後の1年ぶんのデータを検証のために使う，といった分割をします．いまの例の場合，適切なモデルを決定したら，そのモデルと同じ方法で，最後の1年ぶんを含む過去数年ぶんのデータを使って，将来予測するためのモデルをあらためて作り，その「最終モデル」で実際の将来予測を行う，という手順となります．

## 3.6 ●●● EDA（探索的データ解析）

### 3.6.1 EDAとは何か

予測モデリングを行う際は，途中でEDAを繰り返します．**EDA**（Exploratory Data Analysis，探索的データ解析）とは，データの特徴を探り当てるための手法（の実行）の総称です．EDAの対立概念は，**CDA**（Confirmative Data Analysis，確証的データ解析）です．両者の特徴を比較すると以下のとおりです．

データ　CDAにとっての理想的なデータは実験計画に基づいたデータであるのに対して，EDAは，観測されたデータが先にあり，それに対して行うものです．

目的　CDAの目的が統計的推測（推定，検定，予測）であるのに対して，EDAの（直接の）目的は，パターンや仮説を発見することにあります．

手法　CDAで用いるのは典型的には伝統的な推測統計学の手法であるのに対して，EDAで用いるのは，可視化技術や記述統計学に関わる手法や教師なし学習に関わる手法などです．

EDAを，補助的なものとしてではなく，それ自体を主たる目的として本格的に実施することもあります．その場合には，それ自体がモデリングそのものといえる大掛かりなものとなることもあります．EDAをその意味で捉えた場合には，教師なし学習はEDAの一種であり，現代的なデータマイニングもEDAの一種です．

その一方，予測モデリングの基本手順の1つとして登場するEDAは，モデリングの過程で補助的に用いるものです．その場合には，データの特徴を捉えるための種々の個々の基本的手法（の実行）の総称です．典型的には，記述統計学に近い内容です．本書でいうEDAは，基本的にはこの意味でのEDAです．

この意味でのEDAの具体的な目的の例には，以下のようなものがあります．

- 目的変数がどのように分布しているかの特徴を探る．
- 個々の特徴量がどのように分布しているかの特徴を探る．
- 特徴量どうしの関係を探る．
- 何らかの示唆を得るためや次元削減のためにクラスタリングや主成分分析などを行う．
- 個々の特徴量と目的変数との関係を探る（one-way 探索）．
- 複数の特徴量の交互作用を探る（two-way 探索，multiway 探索）．
- データとモデルの適合度合いを探る．
- 外れ値の可能性を探る．
- 個々の観測対象の特徴を探る．

こうした目的のためにEDAで行うのは，主に，一種の要約です．そうした要約は，数値化によるものと可視化（「視覚化」ともいう）によるものとに分類できます．要約の際に，教師なし学習手法や教師あり学習手法を補助的に用いる場合もあります．前者の典型例は，主成分分析やクラスタリングであり，後者の例としては，one-way 探索の際に，そこで注目している1個の特徴量のみで目的変数を回帰する**one-way 回帰**があります．

EDAでは，数値化による要約や可視化による要約を行うと述べましたが，そうした機能をもつツールには，EDA用のものだけでなく，CDA用のものもあります．しかも，もともとはCDA用に作られたツールをEDAに使うことは大いにあるし，その境界は曖昧です．そこで，以下では，「もともとはCDA用」といった言葉を付す場合もあるものの，本来的にどちら用だったかは必ずしもいちいち区別せずに，EDAに使えるツールを紹介していきます．

### 3.6.2 数値化による要約

**数値化**の典型例は，データの特性値であり，要約統計量ともよばれるものです．ここでは便宜のため，通常は「特性値」とはよばれないものも含め，数値化による要約で示されるものはすべて（広義の）**要約統計量**とよぶことにします．

すると，要約統計量の例には，一般的な特性値（平均，分散，モーメント，最大値，最頻値，相関係数等々）やモデルを前提とした指標（決定係数，最大尤度，逸脱度，p 値，AIC，残差，てこ比，VIF 等々）があります．こうした要約統計量の多くは，概念自体はモデリングの際に使用するソフトにほとんどないしまったく依存しませんが，そうしたものを含め，実際の使い勝手は，使用するソフトに依存します．R の場合，一般的な要約統計量には専用の関数が用意されているほか，後述の summary 関数は，入力されるオブジェクトの**クラス**に応じて種々の要約（summary）統計量を出力してくれます（クラスと summary との関係の詳細については 4.2 節参照）．

以下，モデルを前提としない指標について，R の基本的な関数をいくつか紹介しておきます．

簡単に具体例を示すため，iris データセット（詳しくは 5.2 節参照）を用います．このデータセットは，R をインストールしただけで使えるようになっています．その構造（structure）は次のとおりです．

```
1  str(iris)
```

```
'data.frame':   150 obs. of  5 variables:
 $ Sepal.Length: num  5.1 4.9 4.7 4.6 5 5.4 4.6 5 4.4 4.9 ...
 $ Sepal.Width : num  3.5 3 3.2 3.1 3.6 3.9 3.4 3.4 2.9 3.1 ...
 $ Petal.Length: num  1.4 1.4 1.3 1.5 1.4 1.7 1.4 1.5 1.4 1.5
    ...
 $ Petal.Width : num  0.2 0.2 0.2 0.2 0.2 0.4 0.3 0.2 0.2 0.1
    ...
 $ Species     : Factor w/ 3 levels "setosa","versicolor",..: 1
    1 1 1 1 1 1 1 1 1 ...
```

この iris は，ロナルド・フィッシャー（1890–1962）が，線形判別分析とよばれる手法に関連して 1936 年に紹介した（Fisher (1936)）きわめて有名なデータセットであり，アヤメ属に属す 3 種の植物に対する分類問題のためのデータとしてよく利用されます．データフレーム（data frame）の説明はあと（5.2 節）でしますが，この出力にあるとおり，このデータセットは，150 個の対象に対する 5 つの変数のデータからなっています．

たとえば，この場合の 1 つめの変数であれば，iris$Sepal.Length とすれば指示できます（少し下の練習問題も参照）．この場合の iris はデータフレームの名前で，Sepal.Length はそのデータフレーム内の列（この場合は第1列）の名前ですが，このように「データフレーム名$列名」という表現で列を指示する方法は，本書では何度も出てきます（列などの指定方法の詳細も5.2節参照）．

iris データ全体の代表的要約統計量は，次のようにすれば実に簡単に得られます．

```
1 summary(iris)
```

```
  Sepal.Length    Sepal.Width     Petal.Length
 Min.   :4.300   Min.   :2.000   Min.   :1.000
 1st Qu.:5.100   1st Qu.:2.800   1st Qu.:1.600
 Median :5.800   Median :3.000   Median :4.350
 Mean   :5.843   Mean   :3.057   Mean   :3.758
 3rd Qu.:6.400   3rd Qu.:3.300   3rd Qu.:5.100
 Max.   :7.900   Max.   :4.400   Max.   :6.900
  Petal.Width          Species
 Min.   :0.100   setosa    :50
 1st Qu.:0.300   versicolor:50
 Median :1.300   virginica :50
 Mean   :1.199
 3rd Qu.:1.800
 Max.   :2.500
```

summary は，「よきに計らって」各変数に応じた適切な要約統計量を選んで出力してくれます．この場合，数値型の変数については，上から最小値，第1四分位点，中央値，平均，第3四分位点，最大値が表示され，因子型の変数に対しては，各レベルに属する個数が表示されています．

こうした要約統計量を個別に出す基本関数ももちろん用意されており，代表例を挙げれば，mean（標本平均），var（標本不偏分散），sd（標準偏差．var の平方根），min（最小値），max（最大値），median（中央値），range（範囲．最大値と最小値），quantile（分位点）などがあります．

### 練習問題

関数 quantile を使って，iris の Sepal.Length の第1四分位点のみを出力させよ．

## 答え

```
1  quantile(iris$Sepal.Length, probs = 0.25)
```

```
25%
5.1
```

標本不偏分散を求める関数 var は，複数の特徴量に対する共分散行列を求めるのにも使えます．

```
1  var(iris[!colnames(iris) == "Species"])
```

```
             Sepal.Length Sepal.Width Petal.Length Petal.Width
Sepal.Length    0.6856935  -0.0424340    1.2743154   0.5162707
Sepal.Width    -0.0424340   0.1899794   -0.3296564  -0.1216394
Petal.Length    1.2743154  -0.3296564    3.1162779   1.2956094
Petal.Width     0.5162707  -0.1216394    1.2956094   0.5810063
```

このコードでは，列（column）の名（name）が Species である列は，数値変数でないために共分散等の計算ができないので，除いています．! は「否定」を表し，[!colnames(iris) == "Species"] は，iris のうちで，列名が "Species" に等しくない列を表します．

関数 cor を使うと相関係数(correlation．引数 method を，pearson，kendall，spearman のいずれかに設定することで，それぞれピアソンの積率相関係数，ケンドールの順位相関係数，スピアマンの順位相関係数が得られる．デフォルトは method = "pearson"）が計算できます．

```
1  cor(iris[-5], method = "kendall")
```

```
             Sepal.Length Sepal.Width Petal.Length Petal.Width
Sepal.Length   1.00000000 -0.07699679    0.7185159   0.6553086
Sepal.Width   -0.07699679  1.00000000   -0.1859944  -0.1571257
Petal.Length   0.71851593 -0.18599442    1.0000000   0.8068907
Petal.Width    0.65530856 -0.15712566    0.8068907   1.0000000
```

iris[-5] というのは iris のうち，5 番めの要素（この場合は Species という名の列ベクトル）のみを除いた残り全部という意味です．

### 3.6.3 可視化による要約

可視化による要約には，ヒストグラム，カーネル平滑化，経験分布関数（の図），散布図，相関図や（もともとはCDA用の）PPプロット，QQプロット，残差プロットのように，概念自体はモデリングの際に使用するソフトにあまり依存しない一般的な手法もありますが，それらも含め，実際の使い勝手は，使用するソフトに大きく依存します．Rの場合，基本的で一般的な手法には専用の関数が用意されているほか，`plot`関数は，入力されるオブジェクトのクラスに応じて種々の可視化による要約を「よきに計らって」示してくれます．

以下では，モデル構築の前に行う可視化に使えるRの基本的な関数の例をいくつか示しておきます．ただし，Rに用意されている可視化用の関数は膨大なため，ここで紹介するのはごくごく基本的なものに限ります．同じRでも，同様の機能をより高度な仕方で（たとえば，もっと見栄えがよかったり，さまざまなオプションがつけられたりする形で）実現するものもありますので，本格的にモデリングを行う場合には，ここには紹介しないツールもいろいろと試してみるとよいでしょう．本書でも，あとの実例においては，ここに紹介していないものも使用していますので，参考にしてください．

**plot**

`plot`に数値ベクトルを入れた場合は，`plot`のデフォルトが機能します．少しオプションの入力項目を入れた例を示すと次のとおりです．

```
1  plot(iris$Sepal.Length, pch = as.numeric(iris$Species))
2  legend("topleft", legend = levels(iris$Species), pch = 1:3)
```

`pch`とは表示する点（point）に使う文字（character）を指定するものであり，この例では`1:3`（1から3）とすることで「○」と「△」と「×」を指定しています．凡例（legend）もつけてみました．このたった2行のコードで，図3.5のようなグラフを出力してくれます．

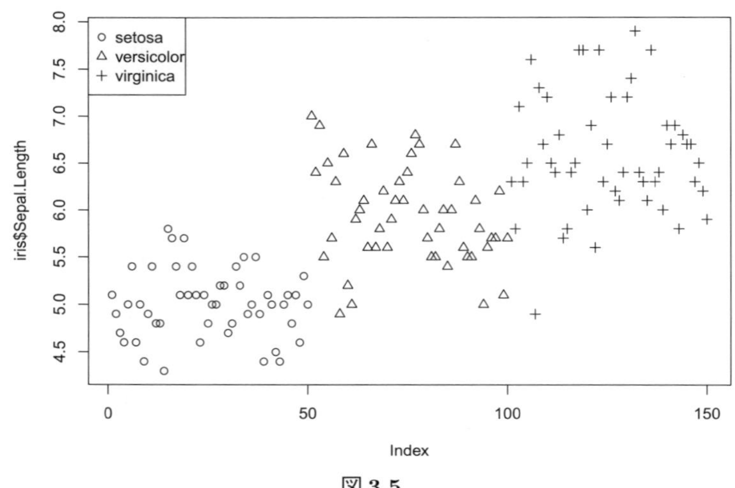


図 3.5

plot にデータフレームを入力する（たとえば plot(iris) とする）だけで，散布図等を描いてくれます．少しだけ工夫した例は次のとおりです（図 3.6）．

```
1  plot(iris[1:4], pch = as.numeric(iris$Species))
```

読者は，pch = as.numeric(iris$Species) と，文字で指定する代わりに col = as.numeric(iris$Species) と，色（color）で指定したほうが鮮やかでよいかもしれません．この図で何が出力されているかの詳細は，次のようにして調べられます．

```
1  ?plot.data.frame
```

次もぜひ試し，どのような図が出力されるか確認してみてください．

```
1  dat <- iris[c(1, 3)]
2  plot(dat, pch = as.numeric(iris$Species))
3  lines(lowess(dat), col = "red")
```

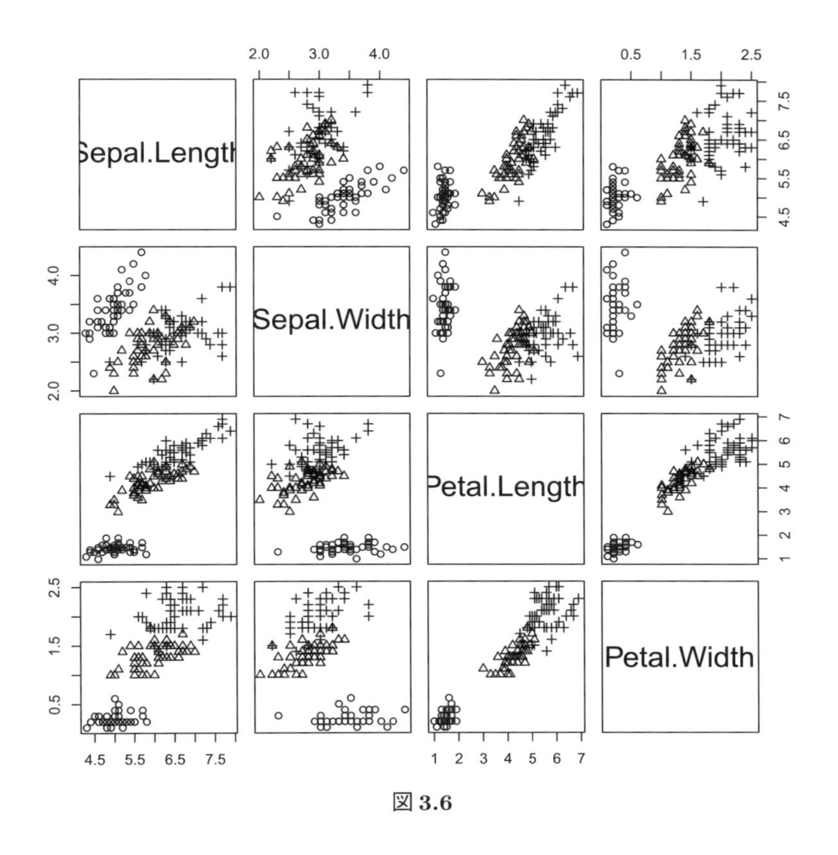


図 3.6

ヒストグラム

ヒストグラム（histogram）を出力するための最も基本的な関数は hist です．

```
1  hist(iris$Sepal.Length)
```

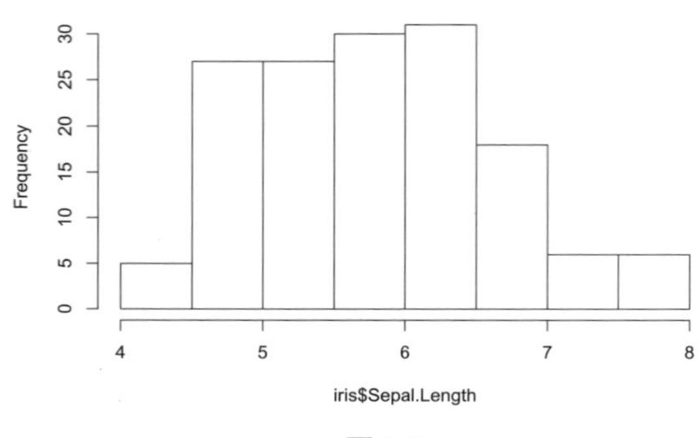


図 **3.7**

これ（図3.7）は，`iris`データの`Sepal.Length`という変数のヒストグラムです．データだけ指定してほかは特に何も指定しなくとも，Rが「よきに計らって」横軸や縦軸での範囲や目盛りやヒストグラムの分割数等々を，ほどよい具合に設定してくれます．気に入らないときや，ほかと合わせる必要があるときなどはそれらを（もちろんタイトルその他の付加情報も）自分で設定することができます．デフォルトは縦軸が度数（frequency）ですが，`probability = TRUE`（ないし`freq = FALSE`）とすれば，ヒストグラム全体の面積（本例の場合は8つの長方形の面積の和）が1になるようなスケール（尺度）の目盛りとなります（図3.8）．

```
1  hist(iris$Sepal.Length, probability = TRUE)
```

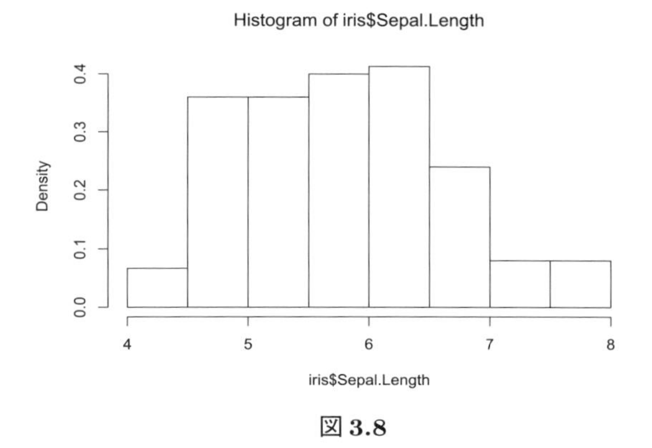


**図 3.8**

### カーネル平滑化

ヒストグラムだけでは分布の形状が捉えづらいときは，経験分布（後述）を適当に平滑化して，一種の確率分布としてグラフ化すると有効です．そうした平滑化の手っ取り早い方法に，**カーネル平滑化**があります．簡単にいえば，各観測値をそのままの単一の値とする代わりにその値を中心とした一定の分布（核となる分布という意味合いで「カーネル分布」といい，たとえば一定の分散の正規分布がとられる）として存在すると見なし，全体をそうした分布（観測値の数だけある）の混合分布として表すものです．R のデフォルトのままでも簡単に大まかな形状を見ることができるので，大変便利です（ただし，デフォルトが最も推奨されるわけではなく，たとえば `bw = "SJ"` と指定するほうがよいとされます．詳しくは `density` 関数のヘルプ参照)．そうやってカーネル平滑化によって得られる密度（density）関数と，ヒストグラムとを重ねて（add）描くと次のとおりです（図 3.9）．

```
1 plot(density(iris$Sepal.Length), ylim = c(0, 0.5))
2 hist(iris$Sepal.Length, probability = TRUE, add = TRUE)
```

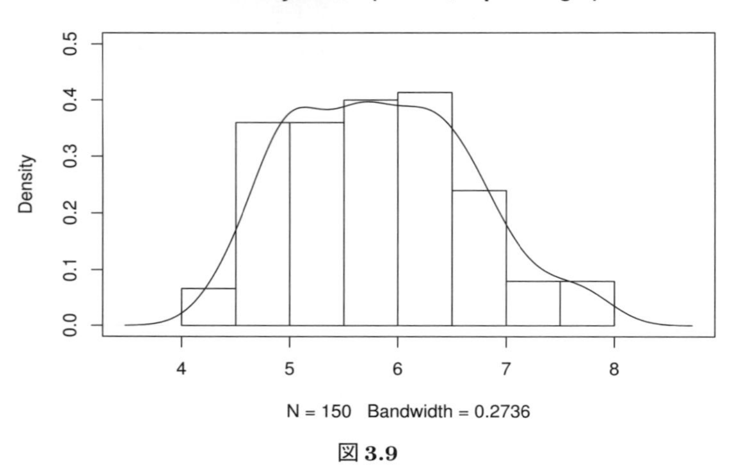


図 3.9

コードのうち ylim = c(0, 0.5) の部分で，描くグラフの $y$ 軸を 0 と 0.5 の範囲とするように指示しています．

## 経験分布関数

観測値の分布を，分布関数として捉えたものを**経験分布関数**（empirical cumulative distribution function）といいます．R では関数 plot.ecdf で簡単に描くことができます（図 3.10）．

```
1 plot.ecdf(iris$Sepal.Length)
```

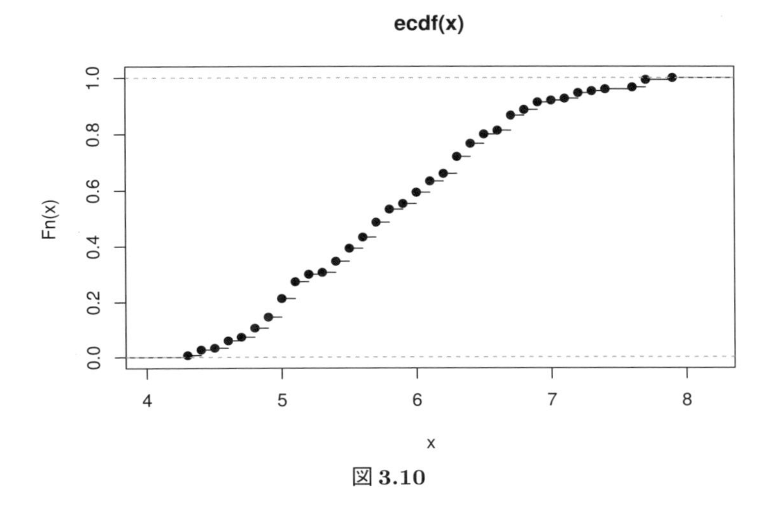


図 3.10

### その他

その他の例として，もとは心理学（psychology）関係の研究のために作られた psych というパッケージにある関数 pairs.panels の使用例を示すと次のとおりです（図 3.11．実際の出力は多色）．

```
1  library(psych)
2  pairs.panels(iris)
```

（この library(psych) の部分は，R の標準ではインストールされていないパッケージを利用する，本書では最初の例です．そのため，慣れていない人はいきなり「エラー」が出るかもしれません．パッケージのインストール方法等は，付録 A をご参照ください．）

詳細の説明は省きますが，この pairs.panels という関数は，データフレームを入力するだけで，各変数に対してはヒストグラムとカーネル平滑化を，変数の各対（本例の場合 10 対あります）に対しては相関係数，散布図，相関楕円，lowess 回帰（局所平滑回帰の一種）を，全部いっぺんに描画，表示してくれます．

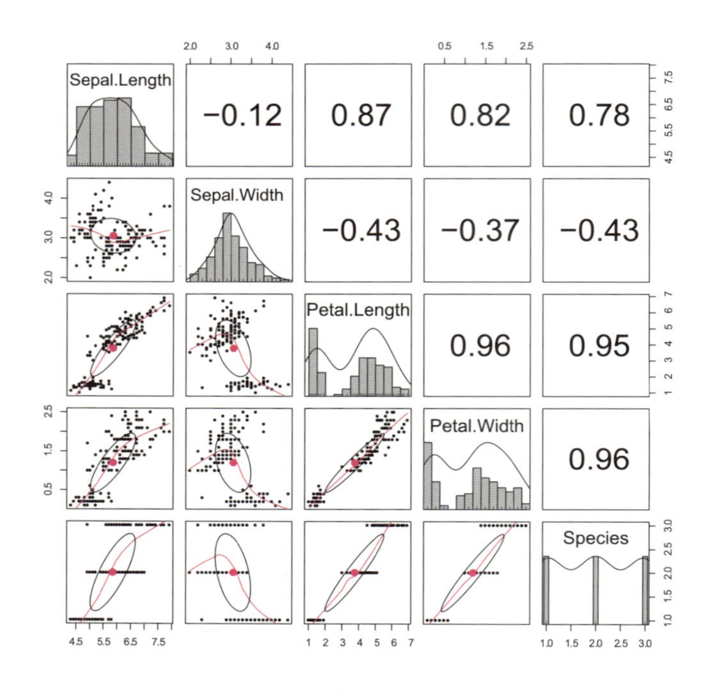


図 3.11

### 3.6.4　クラスタリング

与えられた特徴量（の全部または一部）の情報だけから，標本を「類似したものどうし」のグループ（**クラスター**という）に分ける手法を**クラスタリング**といいます．そのグループ分けは，何か正解を与えて学習するものではないので，クラスタリングは教師なし学習の一種に位置づけられます．標本がいくつかのグループに分けられるという情報があれば，その後の分析に非常に有益なので，このクラスタリングは，EDA としても活用できます．

最も代表的なクラスタリングの手法に **$k$ 平均法**というものがあり，R ではこれは，特段のパッケージを追加しないでも実行できます．$k$ 平均法の $k$ はクラスターの個数を象徴しており，$k$ 平均法ではその数を使用者が指定します．詳しい説明抜きに，$k=2$ とした場合の使用例を提示すれば次のとおりです（図 3.12．クラスタリングによる色分けを除けば図 3.6 と同じ）．

```
1  set.seed(1234)
2  result <- kmeans(scale(iris[1:4]), 2) # k = 2
3  plot(iris[1:4], col = result$cluster,
4       pch = as.numeric(iris$Species))
```

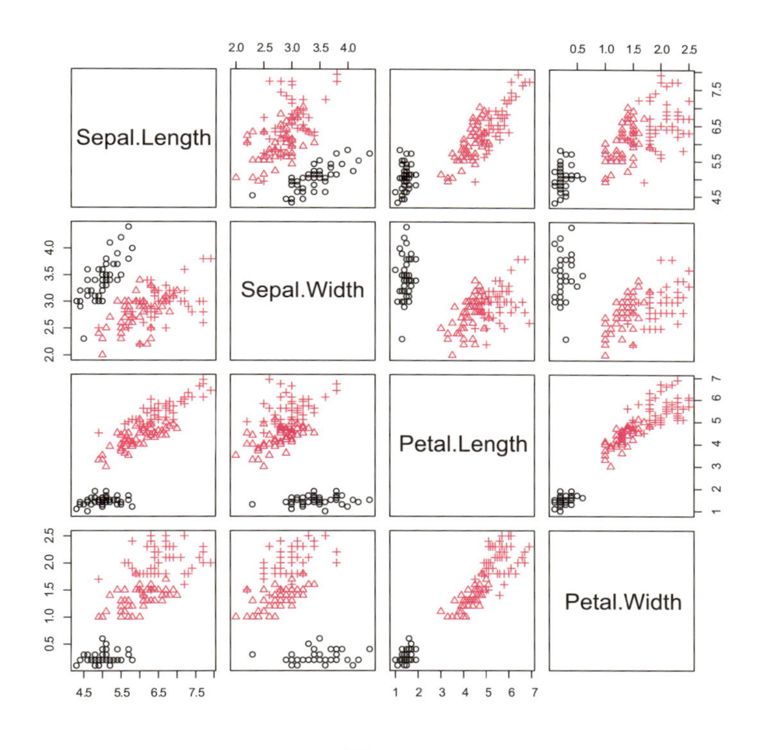


図 3.12

この例では，Speciesの情報を与えていないにもかかわらず，2つのクラスターに分けるクラスタリングを実行（クラスターごとに異なる色で表示）すると，setosaが見事に，ほかのものから分離されていることがわかります．コードの中に現れているscaleという関数は，類似度を測るときに各特徴量の影響を均等にする「標準化」のために用いています．

### 3.6.5 主成分分析

観測対象の個数を $n$ とし，各対象から観測された特徴量（説明変数の候補となるもの）は $p$ 個あるとします．**主成分分析**では，その $p$ 個の特徴量をうまく加工して有用な特徴量をいくつか作り出します．そうやって作り出される特徴量は，主要な情報を効率よくもっているという意味合いで**主成分**とよばれます．

「うまく加工」するといっても，線形結合を基本としたかなり単純な方法です．実質的に同じ手法は，歴史上，何度も再発見されていますが，統計学におけるカール・ピアソン（1857–1936）による1901年の業績（Pearson (1901)）が最初と考えるのが一般的です．

主成分がどう定められるかを，少し具体的に解説しておけば，以下のとおりです．

データセット全体で見ると，$p$ 個の特徴量はどれも標本サイズが $n$ の標本です．これらの特徴量にまずは中心化という加工を施します．**中心化**とは，各対象の特徴量の値から標本平均を引き，加工後の標本平均が0になるようにしておくことです．こうして中心化された $p$ 個の特徴量を，以下に述べる条件を満たすように線形結合して，いくつかの主成分を作り出します．それゆえ，1つひとつの主成分は $p$ 個の項の線形結合というわけですが，ここで，一般に，$p$ 個の項の線形結合は，各項に係る係数を並べた $p$ 次元ベクトルで表現できることに注意し，そのベクトルに着目します．主成分分析では，主成分に対応するそれらの $p$ 次元ベクトルが，どれも長さが1で，互いに直交するようにします．その際，**第1主成分**（加工して作られる特徴量であり，各観測対象に対して1つの値が対応して得られるという意味で，サイズが $n$ の標本です）は，いま述べたすべての条件を満たすうちで（標本としての）標準偏差が最大となるように定めます．「標準偏差が最大である」というのは，特徴量全体の情報を可能な限りで最も多く保持しているということだと解釈されます．**第2主成分**は，第1主成分を固定したうえで，これまで述べた条件を満たすうちで標準偏差が最大となるように定めます．**第3主成分**は，第1成分と第2主成分を固定したうえで，これまで述べた条件を満たすうちで標準偏差が最大となるように定め，以下同様に順々に主成分を定めていきます．こうした主成分を具体的に求める際には，固有値分解や特異値分解という線形代数の技法が使われます．

主成分分析や主成分とは以上のようなものですから，最初のほうの主成分には，特徴量全体の情報が効率よく詰まっており，もとのままの $p$ 個全部の特徴量を考慮するよりも，有用な情報が得られる場合があると期待できます．そのため，主成分分析はEDAに活用されます．特に，$p$ 個未満の主成分のみを選んで特徴量を減らすことを**次元削減**といいます．

Rでは prcomp という主成分（principal components）分析用の関数（使用法の詳細の説明は省略します）を使うと，たとえば次のように簡単に主成分分析が行えます．

```
1  (pca <- prcomp(iris[1:4]))
2  plot(pca$x[, 1:2], pch = as.numeric(iris$Species))
3  legend("topright", legend = levels(iris$Species), pch = 1:3)
```

```
Standard deviations (1, .., p=4):
[1] 2.0562689 0.4926162 0.2796596 0.1543862

Rotation (n x k) = (4 x 4):
                     PC1         PC2         PC3        PC4
Sepal.Length  0.36138659 -0.65658877  0.58202985  0.3154872
Sepal.Width  -0.08452251 -0.73016143 -0.59791083 -0.3197231
Petal.Length  0.85667061  0.17337266 -0.07623608 -0.4798390
Petal.Width   0.35828920  0.07548102 -0.54583143  0.7536574
```

この出力では，$p=4$ 個のすべての主成分が示されています．第1主成分から第4主成分までのそれぞれの標準偏差（Standard deviation）は 2.0562689,0.4926162,0.2796596,0.1543862 です．また，たとえば PC1 の列に示されている4つの数値 0.36138659, −0.08452251, 0.85667061, 0.35828920 は，第1主成分を定める $p$ 次元ベクトル（$p=4$）の要素です．

図3.13は，この主成分分析で作られた第1主成分（という特徴量）と第2主成分（という特徴量）の対に対する散布図です．主成分分析の実行の際には Species の情報を与えていないにもかかわらず，この散布図では，setosa はほかからはっきり離れたところに分布し，残りの2種どうしもあまり重ならないように分布しており，このデータに対し，主成分が実にうまい切り口

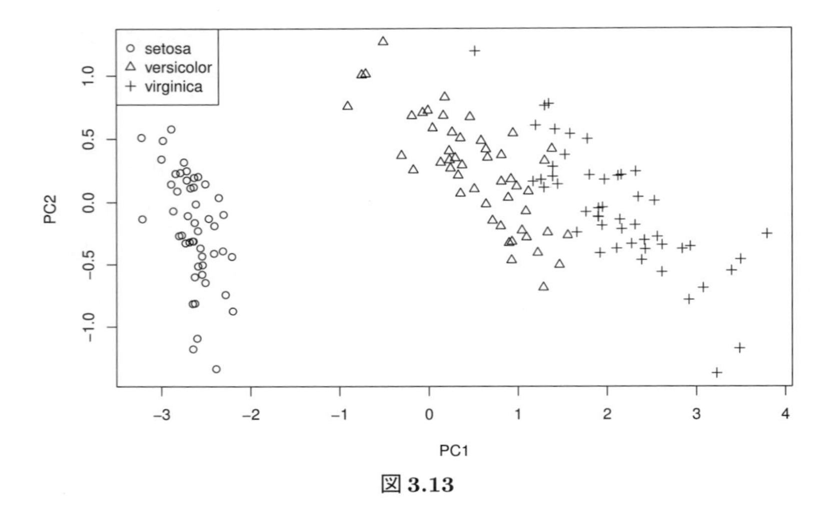


図 3.13

を与えてくれていることが見てとれます．

### 3.6.6 予測力の高いモデルによる EDA

予測力は高いと期待できるが，種々の理由で最終的な候補としては採用できないようなモデルもあります．そういうモデルは，最終モデルとしては採用できないにしても，EDA のためには利用することができるかもしれません．たとえば，ランダムフォレストは，特徴量の観測値から予測値を求める計算は人間には把握しがたい複雑さをもっているという意味でブラックボックスであり，リスクを扱うための予測モデリングにおける最終モデルとしては採用しがたい場合が多いと思われます．その一方，非線形性が強く，さほどノイズの大きくないデータに対しては，ハイパーパラメータのチューニングを施さなくてもデフォルトのままでかなり高い予測力が期待できる場合があります．しかも，ランダムフォレストは，各特徴量（やそれらの組み合わせ）がもつ予測値への影響度等を数値化したり可視化したりすることが容易であり，実際に EDA に有効利用できる場合が多くあります．具体例は，あとで実例を扱うときに（6.7 節で）紹介します．

## 3.7 ●●● モデル構築

モデリングの中の手順としての（狭義の）モデル構築には，次のような作業があります．

- 候補となる手法の選定
- 説明変数選択
- パラメータの自動計算
- ハイパーパラメータのチューニング

### 3.7.1 候補となる手法の選定

取り組んでいる課題に対してどのような手法が適切かを判断するには，（原理的には）実に広範な知識が必要です．ただし，まったく新しい課題でもない限り，（たとえば，ある種の保険金のモデリングならGLM，ある種の店舗の売り上げ予測ならARモデルのような時系列モデル，といったように）すでに習慣上よく使われている手法があると思われますので，まずは，そういった「よく使われている」個々の手法に対する深い理解（基本アイデア，適用範囲，長所・短所等々の把握）に努めるべきでしょう．

ここで考えている予測モデリングでは，予測精度と説明力の両方が求められますが，そのほかにも，目的に応じてコスト，継続性，再現性，安定性なども求められます．予測精度が特に高いと見込まれるモデルは，これらの大事な要素のうちのいくつかは欠けていても，比較（ベースライン）のためや何らかの洞察を得るための参照として構築することが合理的な場合もあるかもしれません．

### 3.7.2 説明変数選択

候補となる手法が自動的に**説明変数選択**を行う機能をもっているかどうかによってこの部分の作業は大きく変わってきます．この機能をもっていない手法の場合には，領域知識やEDAや推測統計学の指標などを駆使して，モデルの実行と検証を繰り返しながら，説明変数の選択をしていく必要があります．説明変数選択の機能をもっている場合は，それがどのような原理に基づくものなのか（たとえば「どういう正則化か」）を十分理解したうえで，領域知識やEDAも併用しながら説明変数の選択をしていくことになります．

どちらの場合もモデルによる個別性が高いので，あと（7章以降）で実例を扱うときに，代表的な方法を具体的に紹介します．

### 3.7.3　パラメータの自動計算

実用上のモデルでは，学習データをもとに，そのパラメータを計算機によって自動計算する環境が整っています．そうでなければ，現代では，確立したモデルとは事実上いえないでしょう．そのため，計算自体は，基本的には機械に実行させれば済みます．しかしながら，本書で考えているモデリングでは説明力が求められますので，そうした計算の原理については，必要な説明ができる程度までよく理解しておく必要があります．

パラメータを求める計算は，何らかの最適化計算であるのが一般的です．したがって，利用の際には，i) そもそも何を最小化（ないし最大化）しているのかや，ii) 機械が行っている最適化がどのような性質のものか（大域最適化が保証されているか，計算過程で用いる近似は精度や安定性や再現性においてどのような特徴をもつかなど）について一定以上の知見が重要になってきます．

### 3.7.4　ハイパーパラメータのチューニング

予測モデリングで候補となるモデルはハイパーパラメータをもっている場合が多くあります．モデルによっては，そのチューニングまで自動化されている場合もありますが，既存のパッケージで自動化されていない場合には，自分でチューニング用のプログラムを実装する必要があります．そのあたりの方法は，あと（7章以降）で実例を通して解説します．

また，そうやって使いこなすほかに，この部分についても，説明力という点から，機械に行わせている計算がどのようなものであるか（何を指標にして，どのような仕方でチューニングしているかなど）について一定以上の知見が重要になってきます．

## 3.8 ●●● モデルの選択・評価

候補のモデルを構築し終えたら，目的に応じて，予測精度，説明力，コスト，継続性，再現性，安定性などの観点から総合的に判断してモデルを選択します．その際には，領域知識や，EDA から得られた洞察を参照することも大切です．

モデリングの過程では，さまざまなモデル検証を繰り返します．そうした検証の方法の中には，特定の目的の検定（正規性の検定，独立性の検定等々），一般的な検定（尤度比検定，ワルド検定，スコア検定），残差分析，PP プロット，QQ プロット等々があります．

こうした検証はきわめて重要ですが，従来の推測統計学と共通する面であるため，本書では特に詳しくは触れません．以下では，予測の視点をとる予測モデリングの肝の部分である，予測精度に基づくモデル比較の方法を，まとめて解説します．

予測精度の比較のために用いる手段は，基本的に，ホールドアウトデータでの比較と，クロスバリデーション（以下，「CV」）による比較です．ホールドアウトデータは（モデル比較には使わず）モデル検証のみに使う，という考え方もありますが，ここでは紹介しません．モデル比較の代表的な手順をいくつか挙げると，以下のとおりです．

1. ホールドアウトによるモデル比較

   モデル比較には（CV を用いずに）ホールドアウトデータでの比較のみを行うという方法が考えられます．この方法では，比較をするためのモデルを構築している間はホールドアウトデータを一切使わず，ハイパーパラメータ（もしあれば）のチューニング（ここには CV を使うかもしれません）を含め，モデル構築を行います．そうやって構築したうちの有力なモデルについて，ホールドアウトデータで予測誤差を測定して比較します（図3.14）．そして，その成績とその他の性質とを総合的に判断して，モデルを選択します．その後，ホールドアウトデータも合わせた全データを使って，そのモデルを，ハイパーパラメータ（もしあれば）のチューニングを含めて構築しなおし，最終モデルとします．

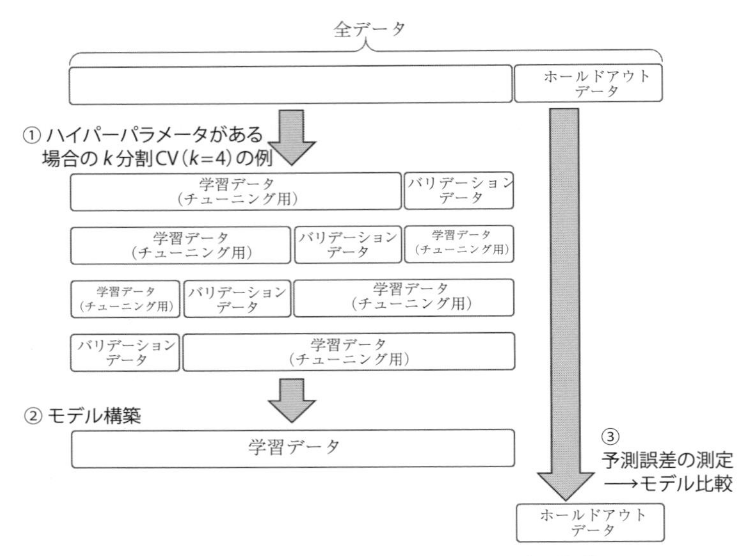


図 **3.14**　ホールドアウトによるモデル比較

## 2.　CVによるモデル比較

最初にホールドアウトせず，一貫してCVだけでモデル比較する方法も考えられます．この方法では，構築したうちの有力なモデルについて，CVで予測誤差を測定して比較します．そして，その成績とその他の性質とを総合的に判断して，モデルを選択します．その後，全データを使ってそのモデルを構築しなおし，最終モデルとします．

このモデル選択方法の場合，比較をするためのモデルを構築する際に，ハイパーパラメータをもつ各モデルのチューニングに使うデータの範囲としては，下記の2つの選択肢がありえます．計算負荷が過大

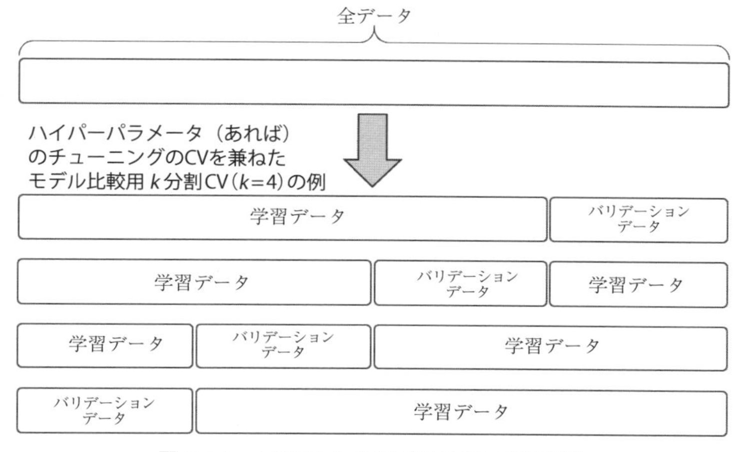


**図 3.15 CV によるモデル比較（簡易版）**

にならないようにするために，最初から全データを使うという選択肢（「簡易版」）と，ハイパーパラメータが過剰適合しないように，データの範囲を変えて何度もチューニングを行うという選択肢（「2 重の CV」）です．

a. **簡易版**

この方法では，比較をするためのモデルを構築する際，ハイパーパラメータをもつ各モデルのチューニングには全データを使い，（典型的には CV で）ハイパーパラメータを先に決定してから，モデル比較の CV を行います．そのため，モデル比較の CV の分割数を $k$ とすれば，その $k$ 回の学習の際に用いる各モデルのハイパーパラメータは固定されています．

予測誤差の比較だけ重視して，この方法を機械的に実施するなら，同じモデルでハイパーパラメータが異なるだけのものも「異なったモデル」と捉えます．そして，「異なったモデル」に一律に CV を実施して，得られた予測誤差の成績が一番よかった「モデル」，つまり，ハイパーパラメータ（もしあれば）が特定されたモデルを選択します．したがって，この場合には，モデル比較用の

CVは，実質的に，チューニング用のCVを兼ねていることになります（図3.15）.

この簡易版のモデル比較によってモデルを選択した場合も，ホールドアウトデータでモデル比較して選択した場合と同様，全データを使ってそのモデルを構築しなおして最終モデルとします．その際，そのモデルがハイパーパラメータをもつ場合は，ハイパーパラメータはすでに決定しているものをそのまま使います.

b.　**2重のCV**

これは**2重のCV**（double CV）や**入れ子CV**（nested CV）とよばれる方法です．この方法では，モデル比較を行うCVを「外側のCV」といいます．外側のCVで比較するためのモデルを構築する際，ハイパーパラメータをもつ各モデルのハイパーパラメータをチューニングするにあたっては，外側のCVのバリデーションデータは使いません．そのため，外側のCVの分割数を$k$とすれば，ハイパーパラメータのチューニングも$k$回ずつ行うことになります（図3.16）.

この方法の名称は，比較するためのモデルを構築する際のハイパーパラメータのチューニングに，CVが典型的に用いられることに関係します．そのチューニング用のCVに使うデータは（「簡易版」の場合と違って）全データの一部であり，その意味でそのCVは「内側」のCV，そして，モデル比較を行う作業全体としては「2重」ないし「入れ子」のCVになっている，というわけです.

この方法によってモデルを選択したのちは，全データを使ってそのモデルを構築しなおして最終モデルとしますが，その際，そのモデルがハイパーパラメータをもつ場合は，全データを使って（典型的にはふたたびCVで）ハイパーパラメータを決定しなおしてから，モデル構築をします.

上記の3手法の特徴を比較すれば，以下のとおりです.

CVによるモデル比較の簡易版（3つのうち2番めの方法）では，モデル

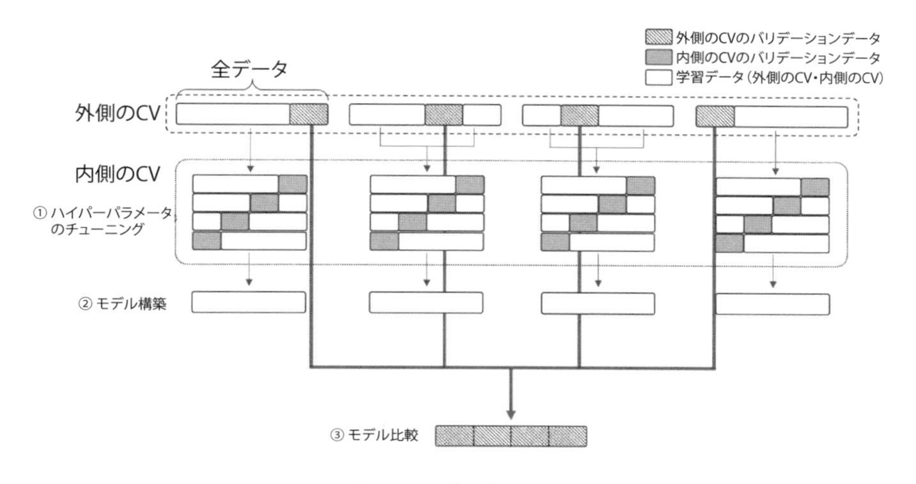


**図 3.16　「2 重の CV」**

比較の段階で候補となっているモデルのハイパーパラメータのチューニングに全データを用いるため，過剰適合したモデルが選択されやすくなっています．そこで，その段階で全データを使わないように，一部のデータをホールドアウトしておくことが考えられます．しかしながら，そうやってホールドアウトしたデータだけで予測誤差の比較を行う（3 つのうち 1 番めの方法）としたら，いわば一発勝負になってしまい，安定したモデル選択が期待できない場合があります．そうした一発勝負を防ぐには，ホールドアウトデータを変えて，予測誤差の測定を繰り返す方法が考えられます．その「繰り返し」の方法を効率よく自動化した 1 つの方法が「2 重の CV」です．計算時間を気にしないでよいならば，データの分割方法を変えて 2 重の CV を繰り返し実施したり，2 重の CV における外側の CV を LOOCV にしたりすることで，さらに慎重な手続きにすることも可能です．

習得という点でいえば，2 重の CV が実行できるようになっていれば，ほかの方法も実行できると思われます．そこで，あと（8 章）で示すモデルの選択・評価の実例では，2 重の CV のやり方を代表例として示します．

なお，候補とするモデルやデータの性質によっては，2 重の CV の実行は時間がかかりすぎて現実的でなかったり，期待できる効果からすると実際的でなかったりする場合があります．そのため，実用上は，2重のCVがつねに推奨されるわけではありません．

## 3.9 ●●● 予測の実行・説明

モデルの検証まで成功し，最終的なモデルが決定したらいよいよ予測を実行しますが，それ自体は実に簡単です．すでにモデルはできているのですから，あとは，あてはめるべきデータにモデルを適用した予測結果は機械が自動的に計算してくれます．

その一方，モデル決定後に行う種々の説明は，きわめて重要であり，時間も労力も要する場合があります．前節の段階で「モデルを決定」したとしましたが，実際には，それは（たとえば）担当者レベルの決定であって，関係者による承認や認可が必要なものである場合もあるかもしれません．いずれにせよ，「決定」したモデルの妥当性は，必要に応じ，関係者に十分に説明しなければなりません．また，モデルの決定は覆えされないにしても，そのモデルに基づいた予測結果等には詳しい説明が必要かもしれません．

ここで考えている予測モデリングは「予測の視点の下での説明力の高い統計モデリング」でしたから，構築したモデルには説明力があるはずです．その点を活かして，目的に適った最善の説明を作り上げることが大切です．終わりよければすべてよし．きわめて重要な段階です．

# 第II部

# 実用へのヒントと代表的手法の例

# Rを予測モデリングで使う際のヒント

本章では，Rを用いて予測モデリングをするために知っておくと特に有益と思われることを，まとめて記しておきます．本書の中ですでに紹介した事項であっても，ここにまとめておくことによって理解が深まると思われるものについては，別の観点も加えながらあらためて紹介します．

## 4.1 ●●● オブジェクトを把握する方法

Rでは，名前がついていてよび出せるものはみな**オブジェクト**とよばれます．オブジェクトを作るには，<-の左に，オブジェクトに付けたい名前を書き，右側に何らかの実行文を書きます．たとえば，a <- sqrt(2) とすれば，aはRにおけるsqrt(2)，数式でいえば$\sqrt{2}$の計算結果を表すオブジェクトとなります．オブジェクトそのものを見たいときは，ただその名前（いまの例ならただaとすればよい）を実行します．

```
1  a <- sqrt(2)
2  a
```

```
[1] 1.414214
```

オブジェクトを作ったときに，すぐにそのものを見たいときは，次のように括弧( )の中に入れればよいです．

```
1  (a <- sqrt(2))
```

```
[1] 1.414214
```

より一般に，オブジェクトを作ったときに，すぐにそれを関数（関数名を仮に f とする）に入力したければ，いまの場合なら f(a <- sqrt(2)) とします．それだけで，a <- sqrt(2) と f(a) を実行したのと同じことになります．

```
1  sqrt(a <- sqrt(2))
```

```
[1] 1.189207
```

すでに作られているオブジェクト名を書くだけでも，1つの実行文を書くことになりますから，右辺にはオブジェクト名だけを書いてもかまいません．たとえば，b <- a とすれば，b は，それを実行した時点のオブジェクト a と同じ内容をもつオブジェクトとなります．

```
1  (b <- a)
```

```
[1] 1.414214
```

オブジェクトは，数値だったり，ベクトルだったり，行列だったり，データフレームだったり，文字列だったり，関数だったり，それらを並べたもの（リスト）だったり，リストその他を並べたリストだったり，いろいろです．そのため，オブジェクトがどういうものであるかを知りたいときや確認したいときがあります．その際には，単純なオブジェクトの内容を確認するだけなら，そのオブジェクト名を実行すれば済みます．その一方，中身が不明なときや単純でないことがわかっているときは，その**構造**（structure）を確認するのが鉄則です．そのために用意されている関数が str です．

以下に，いくつか例示しておきます．

```
1  pi
```

```
[1] 3.141593
```

```
1 str(pi)
```

```
num 3.14
```

num 3.14 とありますが，これは，pi という名のオブジェクトは num つまり数値型（numeric）であって，その概数は3.14だということです．上と同じことを読者が実行すれば同じ結果が得られますが，読者は pi というオブジェクトを自分で作ったわけではありませんでした．実のところ，R では，最初から用意されているオブジェクトがたくさんあります．とりわけ関数が多数用意されているので，自分でオブジェクトに名前をつけるときは，関数名などですでに使われているものの使用は避けることが推奨されます．慣れないうちは，使いたい名前を実行するなり構造を調べるなりしてみて，使われていないことを確認するとよいでしょう．

次はベクトルの例です．

```
1 str(c <- seq(-0.2, 1, 0.4))
```

```
num [1:4] -0.2 0.2 0.6 1
```

num [1:4] は「数値が第 1 要素から第 4 要素まで並んでいる」という意味で，長さ 4 の数値型のベクトルだということです．出力の見た目は横に並んでいますが，R 内部の計算処理上は，縦ベクトルとして扱われます．

### 練習問題

次の 2 つの計算はそれぞれ何をしているか（c はすぐ上で作った数値型のベクトルです）．

```
1 t(c) %*% c
```

```
     [,1]
[1,] 1.44
```

```
1 (d <- c %*% t(c))
```

```
      [,1]  [,2]  [,3] [,4]
[1,]  0.04 -0.04 -0.12 -0.2
[2,] -0.04  0.04  0.12  0.2
[3,] -0.12  0.12  0.36  0.6
[4,] -0.20  0.20  0.60  1.0
```

ヒント（答えは省略）

関数tは行列（やベクトル）の転置を行う関数です．%*%は行列どうしの積を表します．

いまの練習問題で作ったdの構造を見てみましょう．

```
1  str(d)
```

```
 num [1:4, 1:4] 0.04 -0.04 -0.12 -0.2 -0.04 0.04 0.12 0.2 -0.12
   0.12 ...
```

これは数値が4行4列に並んでいるということ，すなわち行列です．行列はmatrixという関数で簡単に作れます．たとえば，長さが8の縦ベクトル 1:8$=(1,2,3,4,5,6,7,8)^T$をもとに，行数（number of rows）が2（したがって2行4列）の行列を作ると次のとおりです．

```
1  (e <- matrix(1:8, nrow = 2))
```

```
     [,1] [,2] [,3] [,4]
[1,]    1    3    5    7
[2,]    2    4    6    8
```

```
1  str(e)
```

```
 int [1:2, 1:4] 1 2 3 4 5 6 7 8
```

intとは整数（integer）型のことです．

次は，モデルを構築するオブジェクトの例です．

```
1  str(glm)
```

```
function (formula, family = gaussian, data, weights, subset,
    na.action, start = NULL, etastart, mustart, offset,
    control = list(...), model = TRUE, method = "glm.fit",
```

```
    x = FALSE, y = TRUE, singular.ok = TRUE, contrasts = NULL,
    ...)
```

オブジェクト glm は関数（function）です．

glm の実行結果の構造の例 str(g <- glm(dist ~ ., data = cars))) は長くなるのでここでは表示は省略しますが，コメントアウト#の記号を外してぜひ実行してみてください．

```
1  g <- glm(dist ~ ., data = cars)
2  # str(g)
```

glm を実行したときの R コンソールへの出力例は次のとおりです．中身の解説はここでは行いません．

```
1  g
```

```
Call:  glm(formula = dist ~ ., data = cars)

Coefficients:
(Intercept)        speed
    -17.579        3.932

Degrees of Freedom: 49 Total (i.e. Null);  48 Residual
Null Deviance:      32540
Residual Deviance: 11350        AIC: 419.2
```

## 4.2 ●●● 総称的関数の使い方

R には**総称的**（generic）**関数**とよばれる種類の関数があり，さまざまな手法を使っていこうとするときには大変ありがたい存在です．特に，総称的関数の基本事項を知っていると，たとえば，新しい手法の実行方法を学ぶのが大変楽になります．

すぐ上で見た str も総称的関数の一例ですが，この関数に限っていえば，単に存在だけ知っていれば，総称的関数ということをほとんど意識しなくても使いこなせます．とはいえ，上で見たように，関数 str には実に多様な種類のオブジェクトを入力値として入れたにもかかわらず，それぞれのオブジェクトに応じて，出力も多様に，見事に「よきに計らって」くれた，という事実には注意すべきでしょう．総称的関数の重要な特徴の1つは，このように，入力されるオブジェクトに応じて「よきに計らって」多様な出力をしてくれることです．

予測モデリングの基本を学ぶ際に特に重要な総称的関数は，summary，plot，predictです．ほかの関数でも，関数の説明を参照したときにDescriptionのところにgeneric functionとあれば総称的関数ですので，その点は最初に確認しておくとよいでしょう．

総称的関数は「よきに計らって」くれるわけですが，それは，入力されたオブジェクトがもつクラスという属性を参照することによって「計らって」います．その「計らい方」の詳細は，総称的関数そのものの説明のページだけ見ても必ずしもわかりません．

たとえば，読者のいまのR環境が前節の続きだとすれば（そうでなければRコンソールにg <- glm(dist ~ ., data = cars)と入力してください），gは，carsというデータにglmを実行した結果となっています．その内容の要約（summary）を知りたいときは次のようにします．

```
1  summary(g)
```

```
Call:
glm(formula = dist ~ ., data = cars)

Deviance Residuals:
    Min        1Q    Median        3Q       Max
-29.069    -9.525    -2.272     9.215    43.201

Coefficients:
            Estimate Std. Error t value Pr(>|t|)
(Intercept) -17.5791     6.7584  -2.601   0.0123 *
speed         3.9324     0.4155   9.464 1.49e-12 ***
---
Signif. codes:
0 '***' 0.001 '**' 0.01 '*' 0.05 '.' 0.1 ' ' 1

(Dispersion parameter for gaussian family taken to be 236.5317)

    Null deviance: 32539  on 49  degrees of freedom
Residual deviance: 11354  on 48  degrees of freedom
AIC: 419.16

Number of Fisher Scoring iterations: 2
```

何やらいろいろ出てきます．この出力の意味を知るために，?summary としても，それだけではあまり有効な情報は得られません．summary が総称的関数だからです．

総称的関数は入力されるオブジェクトのクラスに応じるので，ここではまず g のクラス（class）を確かめてみます．次のようにします．

```
1  class(g)
```

```
[1] "glm" "lm"
```

また summary がどのような方法 (method) を用意しているかは次のようにすればわかります．

```
1  methods(summary)
```

```
 [1] summary.aov                    summary.aovlist*
 [3] summary.aspell*                summary.
     check_packages_in_dir*
 [5] summary.connection             summary.data.frame
 [7] summary.Date                   summary.default
 [9] summary.ecdf*                  summary.factor
[11] summary.glm                    summary.infl*
[13] summary.lm                     summary.loess*
[15] summary.manova                 summary.matrix
[17] summary.mlm*                   summary.nls*
[19] summary.packageStatus*         summary.PDF_Dictionary*
[21] summary.PDF_Stream*            summary.POSIXct
[23] summary.POSIXlt                summary.ppr*
[25] summary.prcomp*                summary.princomp*
[27] summary.proc_time              summary.srcfile
[29] summary.srcref                 summary.stepfun
[31] summary.stl*                   summary.table
[33] summary.tukeysmooth*           summary.warnings
see '?methods' for accessing help and source code
```

標準以外のパッケージが R 環境で使える状態になっている場合には，この一覧はもっと長くなっているでしょう．いずれにしても，一覧の中に summary.glm が見つかるはずです．こうして一覧の中にあるということは，summary という関数は，入力されたオブジェクトのクラスが glm のときには，summary.glm という関数を実行するということを意味します．summary.lm も見つかりますが，g のクラス名として glm が先に出ているのでそちらが優先されます．したがって，この場合の summary(g) の出力項目についての説明がほしければ，?summary.glmとして，そこの説明を参照することになります．

一覧にあるとおり，summaryは実に多彩なクラスのオブジェクトに対応するようになっているので，いろいろと試してみてもらうとよいと思います．同様に，plotやpredictもいろいろ試してみてください．特に，予測モデリングの文脈では，predict(x, ...)の使い方によく慣れておく必要があります．ここでxは，何らかのモデリング手法によって作られたモデルのオブジェクトです．

predictは何らかの予測（predict）を行う総称的関数です．いろいろな機能がありますが，一般に，目的変数の予測値をベクトルとして返す機能があります．その典型的な使用形式は，

```
predict(object, newdata, type = "response")
```

となります．objectのところには，作ったモデルのオブジェクト（たとえばglm関数で作ったならglmオブジェクト）を入力します．

少し残念なことに，パッケージによって流儀が若干異なり，（線形回帰モデルlmの場合のように）type = "response"がデフォルト（したがって，この部分は入力しなくてもよい）の場合と，（glmの場合のように）そうでない場合とがあります．また，lmやglmの場合は，入力すべきデータのための引数の名前はnewdataですが，ランダムフォレストのモデルであるrandomForestやrangerの場合はdataであるし，正則化GLMのモデルであるglmnet（7.5節参照）の場合にいたっては，引数の名前がnewxであるとともに，その引数に入力するオブジェクトのクラスも異なります．

このように，完全に統制がとれているわけではないものの，一般に総称的関数は，異なったクラスのオブジェクトに対しても，基本的には似たような機能をもち，似たような引数を要求します．そのため，はじめて使う手法であっても，ほかの手法の場合と同じ総称的関数が使える場合が多く，そしてその場合には，その関数の引数や機能はほかの手法の場合から類推ができ，その結果，手法が使いこなせるようになるまでの学習負担は少なくて済みます．これは，Rが総称的関数を備えていることの大きな利点です．

# データの準備

モデリングの基本作法を身に着けるためには，既存のデータを用いた実習を行うのが合理的でしょう．そこで，本章では，主に実習を念頭に置いて，既存のデータをR環境で使うための基本的なコードと関連事項とを紹介します．

## 5.1 ●●● 実習のために利用可能なデータの入手元

具体的なコードを紹介する前に，モデリングの実習のためにWeb上で入手可能なデータの例を挙げておきます．

**R datasets**

あらためてWebなどから入手しなくても，Rを起動させれば自動的に使えるようになっている標準パッケージの1つであるdatasetsには，実習用に使えるデータセットが多数用意されています．提供されているデータセットの一覧は次のWebページで確認可能です．

https://stat.ethz.ch/R-manual/R-devel/library/datasets/html/00Index.html

**List of datasets for machine learning research @ wikipedia**

https://en.wikipedia.org/wiki/List_of_datasets_for_machine_learning_research

このサイトには，表形式データに限らず，各分野の論文で使用されているデータセットの一覧がまとめられています．一覧の中にある代表的なものとしては，ImageNet，CIFAR-10，MNIST，Iris Dataset，Housing Data Set などがあります．こういった代表的なデータは，R の標準的なパッケージで利用可能となっていることも多いです．

**UCI machine learning repository**

https://archive.ics.uci.edu/ml/index.php

このサイトからは，機械学習分野の論文で頻繁に使用されているデータが入手できます．現在は，次に掲げる Kaggle datasets 内でもその一部が公開されています．

https://www.kaggle.com/uciml

**Kaggle datasets**

https://www.kaggle.com/datasets

このサイトでは，表形式，自然言語，画像データをはじめとする多種多様なデータが公開されています．中には各データに対する分析やモデルなどがあわせて公開されている場合もあり，実習のためには非常に有益です．

## 5.2 ●●● データフレームの基本

R で実データの例を扱うための最も簡単な方法は，R の標準パッケージに入っているデータセットを利用することです．この方法は，実は，本書ではすでに何度も実行していました．ここでは，あらためてその方法（単に名前を入力するだけですが）の説明と，データフレームに関する簡単な説明を行います．**データフレーム**（`data.frame`）とは，データセットを表すオブジェクトのために用意されているクラスです.

### 5.2.1 データフレームの構造

Rコンソールに単にirisと打ち込んでみましょう.

```
1  iris
```

```
  Sepal.Length Sepal.Width Petal.Length Petal.Width Species
1          5.1         3.5          1.4         0.2  setosa
2          4.9         3.0          1.4         0.2  setosa
3          4.7         3.2          1.3         0.2  setosa
4          4.6         3.1          1.5         0.2  setosa
5          5.0         3.6          1.4         0.2  setosa
6          5.4         3.9          1.7         0.4  setosa
```

出力は，ここでは最初のほうだけ表示していますが，実際に実行すると，(冒頭のヘッダー部分は数に入れないとすれば) 150行のデータが出力されます．次のようにすれば，R環境内で，別枠でデータの中身が見られます (ここでは出力内容は省略).

```
1  View(iris)
```

このように，利用者がデータをあらためて準備しなくても，Rが最初から準備しているデータセットがすぐに使えます．このirisは，すでに本書では利用しており，その際に (3.6.2で) 説明したように，フィッシャーが紹介したきわめて有名なデータセットであり，アヤメ属に属す3種の植物に対する分類問題のデータの例としてよく利用されます.

Rにどういうデータセットが揃っているかの一覧を得る方法の一例は前節でも紹介しましたが，R環境上で手早く得る方法の一例は，次のとおりです (出力結果は省略).

```
1  library(help = "datasets")
```

Rにまだ慣れていない人は，その一覧を見て，どれでもよいからデータセットの名前をRコンソール上に入力し，いろいろとデータの中身を眺めてみるとよいかもしれません.

irisデータセットの構造を見てみましょう.

```
1  str(iris)
```

```
'data.frame':	150 obs. of  5 variables:
 $ Sepal.Length: num  5.1 4.9 4.7 4.6 5 5.4 4.6 5 4.4 4.9 ...
 $ Sepal.Width : num  3.5 3 3.2 3.1 3.6 3.9 3.4 3.4 2.9 3.1 ...
 $ Petal.Length: num  1.4 1.4 1.3 1.5 1.4 1.7 1.4 1.5 1.4 1.5
    ...
 $ Petal.Width : num  0.2 0.2 0.2 0.2 0.2 0.4 0.3 0.2 0.2 0.1
    ...
 $ Species     : Factor w/ 3 levels "setosa","versicolor",..: 1
     1 1 1 1 1 1 1 1 1 ...
```

上から説明すれば，iris というこのオブジェクトはデータフレームであり，標本サイズは150で，5つの変数をもっていると記されています．Sepal.Length，Sepal.Width，Petal.Length，Petal.Width，Species とあるのは，変数の名前として各列に与えられているものです．そのうちの前4つはどれも数値型（num）であり，最後の Species のみ因子型（Factor）です．

型の話は少しあと（5.2.3）でします．その前に，データフレーム内の要素をとり出す基本的な方法をいくつか紹介しておきます．

### 5.2.2　要素のとり出し方

たとえば，4番めの対象の2列めの変数（いまの例では Sepal.Width）の値（いまの例では3.1）をとり出すには，iris の「4行め2列め」という意味で iris[4, 2] とします．

```
1  iris[4, 2]
```

```
[1] 3.1
```

列をとり出すには，データフレームとしてとり出す方法と，ベクトルとしてとり出す方法の2通りがあります．2列めの Sepal.Width を例にします．

データフレームとしてとり出すには iris[2] というように列番号で指示します．

```
1  str(iris[2])
```

```
'data.frame':	150 obs. of  1 variable:
 $ Sepal.Width: num  3.5 3 3.2 3.1 3.6 3.9 3.4 3.4 2.9 3.1 ...
```

ベクトルとしてとり出す一例は，iris$Sepal.Width というように名前で指示する方法です．

```
1  str(iris$Sepal.Width)
```

```
num [1:150] 3.5 3 3.2 3.1 3.6 3.9 3.4 3.4 2.9 3.1 ...
```

また，iris[, 2] としたり，iris[, "Sepal.Width"] としたりすることで，行は指定せずに列だけ指定することによって同じベクトルを取り出すことも可能です（同じ結果なので出力は省略します）．

```
1  str(iris[, 2])
2  str(iris[, "Sepal.Width"])
```

ほかにもいくつか方法がありますが省略します．ただし，「条件を入れる」という方法だけ簡単に紹介しておきます．たとえば「列名が Sepal.Width であるという条件を満たす列」という意味で次のとおりとしても同じ結果が得られます．

```
1  str(iris[, colnames(iris) == "Sepal.Width"])
```

一般に，何らかの条件を（いまの例だと）列番号を指定するところに入れて，データフレーム（などのやや複雑な構造をもったオブジェクト）から要素をとり出すことが可能です．本書でも，あとでやや複雑なことを実行する際に多用します．

### 5.2.3 データの型

次に型の話をします．因子型は，数値型のような量的なものでなく，質的なもの（カテゴリー変数）を表します．その値は Factor とよばれるクラスのものとして R 上は取り扱われ，とりうる値は，レベルとよばれる有限個のものに限られます．ここでの Species に対しては 3 levels とあり，次に示す 3 個の値のみです．

```
1  levels(iris$Species)
```

```
[1] "setosa"     "versicolor" "virginica"
```

Rでは，因子型のものを数値型に変えたり（as.numeric），数値型のものを因子型に変えたり（as.factor）することも簡単です．構築するモデルによっては，一律数値型としておいたほうがよい場合もあります．次のiris.numは，as.numericを使って，一律数値型としています．

```
1  iris.num <- iris
2  iris.num$Species <- as.numeric(iris.num$Species)
3  str(iris.num)
```

```
'data.frame':   150 obs. of  5 variables:
 $ Sepal.Length: num  5.1 4.9 4.7 4.6 5 5.4 4.6 5 4.4 4.9 ...
 $ Sepal.Width : num  3.5 3 3.2 3.1 3.6 3.9 3.4 3.4 2.9 3.1 ...
 $ Petal.Length: num  1.4 1.4 1.3 1.5 1.4 1.7 1.4 1.5 1.4 1.5
    ...
 $ Petal.Width : num  0.2 0.2 0.2 0.2 0.2 0.4 0.3 0.2 0.2 0.1
    ...
 $ Species     : num  1 1 1 1 1 1 1 1 1 1 ...
```

データセットをデータフレーム以外のクラスで扱う方法もありますが，本書では，基本を重視し，データフレームでの取り扱いを原則とします．ただし，実例で用いる手法の制約上，データセットを行列として（as a matrix）として扱う場面もあるので，行列の場合も簡単に見ておきます．数値型のデータセットと行列の両方の頭（head）のほうを出力すると，それぞれ次のとおりです．

```
1  head(iris.num)
```

```
  Sepal.Length Sepal.Width Petal.Length Petal.Width Species
1          5.1         3.5          1.4         0.2       1
2          4.9         3.0          1.4         0.2       1
3          4.7         3.2          1.3         0.2       1
4          4.6         3.1          1.5         0.2       1
5          5.0         3.6          1.4         0.2       1
6          5.4         3.9          1.7         0.4       1
```

```
1  iris.mx <- as.matrix(iris.num)
2  head(iris.mx)
```

```
     Sepal.Length Sepal.Width Petal.Length Petal.Width Species
[1,]          5.1         3.5          1.4         0.2       1
[2,]          4.9         3.0          1.4         0.2       1
[3,]          4.7         3.2          1.3         0.2       1
[4,]          4.6         3.1          1.5         0.2       1
[5,]          5.0         3.6          1.4         0.2       1
[6,]          5.4         3.9          1.7         0.4       1
```

この2つを比較すればわかるとおり，行列といっても，たとえば列の名前はもったままであり，この例のように，どの列も数値型で統一されている場合には，本質的な情報はあまり失われていません．ただし，行列のほうの構造を，あえて属性（attributes）の情報を提供（give）しないようにして示せば次のとおりです．

```
1  str(iris.mx, give.attr = FALSE)
```

```
 num [1:150, 1:5] 5.1 4.9 4.7 4.6 5 5.4 4.6 5 4.4 4.9 ...
```

これは，どの要素も数値型（numeric）になっていて，150行×5列に並んでいる（つまり行列）ということを表しています．このように，行列だと，全体で型（いまの場合は数値型）が1つしかとれないので，データフレームのように列ごとに型の情報をもつことまではできません．

**練習問題**

as.matrix(iris) とすることで得られる行列の要素の型は何か．

**答え**

str(as.matrix(iris)) を実行すると，冒頭に chr と表示されるように，文字（character）型となります．

## 5.3 ●●● 本書用のデータ等を読み込むための準備

以下では，読者がすでに，東京図書株式会社のダウンロードサイト（http://www.tokyo-tosho.co.jp/download/ ）から本書用の圧縮ファイルをPCにコピーし，解凍し，pm-bookという名のフォルダを得ていることを前提としています．そのフォルダの保存場所はPC上のどこでもよいですが，以下の作業の前に，そのフォルダをRの作業ディレクトリとして指定しておいてください．作業ディレクトリの指定方法がわからない場合は，巻末の付録Aを参照してください．

準備ができたら，まず作業ディレクトリが思ったとおりになっているかを，たとえば次のようにして確かめておいてください．

```
1  getwd()
```

これは作業ディレクトリ（working directory）の場所の情報を得る（get）ためのものであり，その結果は読者によって異なりますが，出力される文字列の末尾が/pm-bookとなっていればうまくいっているでしょう．

pm-bookフォルダの中にはcodeフォルダとdataフォルダがあります．codeフォルダには，本書に掲載しているコードを記したRファイルcodes.Rが入っており，dataフォルダには，本書の実例で用いるcsvファイル等が入っています．

## 5.4 ●●● PC内にあるcsvファイルを読み込むコード

PC上に用意したcsvファイルを読み込むコードを紹介します．さほど巨大でもない構造化データであれば，csv形式にしてPC内に保存しておくことで，つねにこの方法に帰着させることができるはずなので，汎用性は高いです．以下では，本書用に作ったpm-bookフォルダが作業ディレクトリとして指定されている場合に機能するコードを実例として示します．

作業ディレクトリにはdataフォルダがあります．まずは，その中にあるiris.csvを読み込んでみましょう．

次のコードでは，dataフォルダに入っていることを指定したうえでファイル名iris.csvを指定して読み込み（read），それにiris.dfという名前をつけ，その構造を確認しています．

```
1  iris.df <- read.csv(file = "./data/iris.csv")
2  str(iris.df)
```

```
'data.frame':   150 obs. of  5 variables:
```

```
 $ Sepal.Length: num  5.1 4.9 4.7 4.6 5 5.4 4.6 5 4.4 4.9 ...
 $ Sepal.Width : num  3.5 3 3.2 3.1 3.6 3.9 3.4 3.4 2.9 3.1 ...
 $ Petal.Length: num  1.4 1.4 1.3 1.5 1.4 1.7 1.4 1.5 1.4 1.5
    ...
 $ Petal.Width : num  0.2 0.2 0.2 0.2 0.2 0.4 0.3 0.2 0.2 0.1
    ...
 $ Species     : Factor w/ 3 levels "setosa","versicolor",..: 1
    1 1 1 1 1 1 1 1 1 ...
```

これはデータフレームであり，その点も含め，Rのirisデータとまったく同じ内容となっています．したがって，iris.dfと入力したり，View(iris.df)と入力したりすれば，データの中身が全部見られる点も同じです．

このデータのように，自動的に列の名前（Sepal.Length，Sepal.Widthなど）が得られるものは，その名前の情報がもとのcsvに入っているということであり，その部分はヘッダー（header）とよばれます．ヘッダーがないデータもあるので，その有無に応じてread.csv関数のオプション引数headerを変更します．デフォルトはheader = TRUEなので，今回のようにヘッダーのあるデータは何も指定しなくてもうまく読み込めました．また，csv内の英字や数字などをコンピュータがどうコード化しているか（いわゆるエンコードencode）を指定しないと，文字化けするなどうまくデータが読み込めない場合もあるので，必要に応じて指定する必要があります．ほかにもオプション引数はいろいろありますが，以上の2つのみをあえて指定して読み込めば次のとおりです（ただし，出力は上と同じなので，ここでの表示は省略）．

```
1  iris.df <- read.csv(file = "./data/iris.csv",
2                      header = TRUE,
3                      fileEncoding = "UTF-8")
4  str(iris.df)
```

エンコードに関していえば，日本語など（英数字以外のもの）の入っているデータを読み込む際は要注意です．特に，使うコンピュータの環境次第（たとえばWindowsのPCとMacとではだいぶ違う）のところがあるので，他人の作ったファイルを読み込むときにはいろいろな支障が生じえます．そのため，データを作るときには，もとから英数字以外が極力含まれないように心がけることが推奨されます．また，Excel や何らかのテキストエディターで容易に扱える程度の大きさの csv の場合には，csv の取り扱いに慣れているならば，R 環境に読み込む前に csv ファイル上で日本語などを英数字に一律変換しておくのも一法です．

## 5.5 ●●● PC 内にある Rda ファイルのデータを読み込むコード

R のみでモデリングが完結するのであれば，R のデータ専用のファイル（拡張子は.Rda）を用いるのも便利です．csv の場合，たとえば，因子型として捉えたい変数のレベルが，csv 内では数値として保持されているとすると，R に読み込んだときには数値型と判定されてしまうので，一々変換しないといけません．そういった「型」の情報などが，Rda ファイルであれば，そのまま保持できます．

そのようにデータフレームを Rda ファイル形式で保存するのは，プログラミングの分野でいうシリアライズの一種です．シリアライズを行うと，データを読み込むのが速くなるという長所もあります．その一方，保存時の容量が csv などに比べて大きくなってしまいますので，長所と短所の双方をよく考えて適切な保存形式を選ぶことが重要です．

データフレームを，作業ディレクトリ内のフォルダ内に Rda ファイルとして保存（save）するには，たとえば次のようにします，ただし，**これを実行すると PC 内のファイル（iris.rda）が上書きされるのでご注意ください．** これを実行しなくても，あとの実行には差支えありません．

```
1  iris.df <- iris
2  save(iris.df, file = "./data/iris.rda")
```

ここで，次のとおり，いったんオブジェクト `iris.df` を削除（remove）し，そのあとで，上で保存した（あるいはもとからフォルダにある）Rda ファイルのデータを読み込む（load）と，あらためて `iris.df` が作られます（`str(iris.df)` の出力はこれまでと同じなので，ここでの表示は省略）．

```
1  rm(iris.df)
2  load(file = "./data/iris.rda")
3  str(iris.df)
```

## 5.6 ●●● その他の方法

以下では，データを読み込むときのその他の方法の例を，コードを示す形でごく簡単に紹介します．これらの方法も，データに本格的に取り組む場合には必要な知識であるし，モデリングの実習のためにも，以下のたぐいのデータセットを読み込めるようにしておくべきです．本書では，こうしたデータセットを実際に使います．ただし，本書が示す実例では，データセットを読み込むためのコードもいちいち示しておくので，本書を読み進める前にこれらのコードで示される手法を習得しておくことは必須ではありません．

### 5.6.1 最初からインストールされているパッケージに用意されているデータを読み込む場合

次の例において，MASSパッケージは，最初からR環境にインストールされており，このパッケージの中には最初からBostonというデータセットが入っています．このデータセットは，あと（7章と8章）でモデリングの実例にも用います．

```
1  library(MASS)
2  head(Boston)
```

```
     crim zn indus chas   nox    rm  age    dis rad tax
1 0.00632 18  2.31    0 0.538 6.575 65.2 4.0900   1 296
2 0.02731  0  7.07    0 0.469 6.421 78.9 4.9671   2 242
3 0.02729  0  7.07    0 0.469 7.185 61.1 4.9671   2 242
4 0.03237  0  2.18    0 0.458 6.998 45.8 6.0622   3 222
5 0.06905  0  2.18    0 0.458 7.147 54.2 6.0622   3 222
6 0.02985  0  2.18    0 0.458 6.430 58.7 6.0622   3 222
  ptratio  black lstat medv
1    15.3 396.90  4.98 24.0
2    17.8 396.90  9.14 21.6
3    17.8 392.83  4.03 34.7
4    18.7 394.63  2.94 33.4
5    18.7 396.90  5.33 36.2
6    18.7 394.12  5.21 28.7
```

### 5.6.2 CRAN 登録パッケージをインストールしてからそこに含まれるデータを読み込む場合

R には **CRAN**（Comprehensive R Archive Network. カタカナをあてるなら「クラン」）というウェブサイトが用意されており，（日本も含め）世界中にそのミラーサイトがあります．R 本体をインストールする際には（あまり意識しなかった場合も含め）利用しているはずなので，このサイトの存在は，R の入門者でも知っている場合が多いと思います．このサイトでは，R に関するいろいろな情報も提供されていますが，主たる機能として，各種パッケージがここ（もちろんミラーサイトを含む）からダウンロードできるようになっています．

CRAN に登録されているパッケージの中には，データセットを含むものやデータセット専用のものもあります．そうしたデータセットを使うには，パッケージをインストールし，そのパッケージを（library から）呼び出したうえで，data という関数によって，そのデータセットが R 上ですぐに使える状態にする必要があります．

一例として，mlbench パッケージの Sonar データセットを使う場合を示しておきます．まず，パッケージをインストールします．

```
1  install.packages("mlbench")
```

インストールできているものを使う際には次のとおりとします．

```
1  library(mlbench)
2  data(Sonar)
```

インストールのほうは一度だけでよいですが，いったん R を終了させてふたたび R を起動させてこのデータを扱うときには，あとの 2 行のほうはふたたび実行する必要があります．パッケージのインストール等につきましては，付録 A.2.2.3 もご参照ください．

このデータは，その構造や冒頭の数行を表示するだけでも紙幅を要するので，次元（dimension）がいくらなのか，つまり，何行何列のデータなのか（この場合 208 行 61 列）と，列（column）の名前のみを表示させれば，次のとおりです．

```
1 dim(Sonar)
2 colnames(Sonar)
```

```
[1] 208  61
 [1] "V1"    "V2"    "V3"    "V4"    "V5"    "V6"    "V7"
 [8] "V8"    "V9"    "V10"   "V11"   "V12"   "V13"   "V14"
[15] "V15"   "V16"   "V17"   "V18"   "V19"   "V20"   "V21"
[22] "V22"   "V23"   "V24"   "V25"   "V26"   "V27"   "V28"
[29] "V29"   "V30"   "V31"   "V32"   "V33"   "V34"   "V35"
[36] "V36"   "V37"   "V38"   "V39"   "V40"   "V41"   "V42"
[43] "V43"   "V44"   "V45"   "V46"   "V47"   "V48"   "V49"
[50] "V50"   "V51"   "V52"   "V53"   "V54"   "V55"   "V56"
[57] "V57"   "V58"   "V59"   "V60"   "Class"
```

### 5.6.3 CRAN以外からRパッケージをダウンロードし，そこからデータを読み込む場合

Rはオープンソースであり，CRANに登録されている以外にもさまざまな有用なパッケージが存在し，その中のデータセットを利用する場合もあります．ダウンロード元が異なるだけで，作業の手順自体は，CRANからとってくる場合と同じです．

次の例では，パッケージの格納場所（repository）を指定し，このパッケージが依存（dependent）するパッケージを同時にインストールするにように指定しています．また，R環境の内部プログラムは，必要なファイルを自動的に探してインストールするようになっているため`type = "source"`の部分はなくてもうまくいく場合がありますが，この例のデータの場合は，こうして「ソース」からとってくるように指示しておいたほうが無難です．**このインストールは比較的規模が大きい（約95MB）ため，PCの性能や環境によっては，インストールに時間を要するのでご注意ください．**

```
1 install.packages(
2   "CASdatasets",
3   repos = "http://cas.uqam.ca/pub/R/",
4   dependencies = TRUE,
5   type = "source"
6   )
```

```
1  library(CASdatasets)
2  data(ausprivauto0405)
3  head(ausprivauto0405)
```

```
   Exposure VehValue       VehAge        VehBody Gender
1 0.3039014     1.06     old cars      Hatchback Female
2 0.6488706     1.03   young cars      Hatchback Female
3 0.5694730     3.26   young cars        Utility Female
4 0.3175907     4.14   young cars Station wagon Female
5 0.6488706     0.72  oldest cars      Hatchback Female
6 0.8542094     2.01     old cars        Hardtop   Male
             DrivAge ClaimOcc ClaimNb ClaimAmount
1       young people        0       0           0
2 older work. people        0       0           0
3       young people        0       0           0
4       young people        0       0           0
5       young people        0       0           0
6 older work. people        0       0           0
```

# データの前処理からEDAまでの実例

本章では，R環境上で簡単に利用できるBostonデータセットを用いて，データの前処理からEDAまでに行うさまざまなことの実例を紹介します．このデータは不確定の度合いが小さく，その意味では，リスクを扱うための予測モデリングの典型例ではありませんが，基本的な手順は変わりませんので，まずはこの単純なデータを利用して例を示すこととしました．

## 6.1 ●●● Bostonデータセット

Bostonデータセットは，Rをインストールしたときに自動的にインストールされているMASSパッケージの中に入っているので，library(MASS)と入力するだけで使えるようになります．

```
1  library(MASS)
2  str(Boston)
```

```
'data.frame':   506 obs. of  14 variables:
 $ crim   : num  0.00632 0.02731 0.02729 0.03237 0.06905 ...
 $ zn     : num  18 0 0 0 0 0 12.5 12.5 12.5 12.5 ...
 $ indus  : num  2.31 7.07 7.07 2.18 2.18 2.18 7.87 7.87 7.87
     7.87 ...
 $ chas   : int  0 0 0 0 0 0 0 0 0 0 ...
 $ nox    : num  0.538 0.469 0.469 0.458 0.458 0.458 0.524 0.524
       0.524 0.524 ...
```

```
 $ rm      : num  6.58 6.42 7.18 7 7.15 ...
 $ age     : num  65.2 78.9 61.1 45.8 54.2 58.7 66.6 96.1 100
    85.9 ...
 $ dis     : num  4.09 4.97 4.97 6.06 6.06 ...
 $ rad     : int  1 2 2 3 3 3 5 5 5 5 ...
 $ tax     : num  296 242 242 222 222 222 311 311 311 311 ...
 $ ptratio: num  15.3 17.8 17.8 18.7 18.7 18.7 15.2 15.2 15.2
    15.2 ...
 $ black   : num  397 397 393 395 397 ...
 $ lstat   : num  4.98 9.14 4.03 2.94 5.33 ...
 $ medv    : num  24 21.6 34.7 33.4 36.2 28.7 22.9 27.1 16.5 18.9
     ...
```

このデータは，もともとは1978年の論文（Harrison et al. (1978)）に使われたもので，ボストンにおける大気汚染と住宅価格との関係を研究するためのものでした．本気でデータ解析をするためには，そうした背景をはじめ，データの出所等についてはよく調べる必要がありますが，本書ではモデリングの手順を紹介することが主眼なので，深入りするのはやめておきます．各特徴量の簡単な解説までは，?Bostonと入力すれば情報が得られます．

ここではそうした情報源から得られる最低限の要点のみ記しておきましょう．本データセットは，標本サイズが506で，14個の変数があります．観測対象はボストン市内の506個の行政区分（town．以下「タウン」という）です．目的変数は，14個めの変数であるmedvであり，各タウンの住宅価格の中央値を1000ドル単位で示したものです．使える特徴量は13個あり，crim（犯罪率），zn（広い宅地の割合），indus（非小売業の面積の割合），chas（チャールズ川への道の有無），nox（NOx濃度），rm（1戸あたり部屋数），age（築年数が古い家の割合），dis（5箇所ある雇用センターまでの平均距離），rad（幹線道路への好アクセスの指数），tax（10000ドルあたり固定資産税額），ptratio（教師1人あたりの児童数），black（黒人の割合に関する指数），lstat（低階層人口の割合）です．

以下では，モデリングの課題として，これらの13個の特徴量をもとに目的変数の値を予測する回帰問題を想定し，このデータの前処理からEDAまでを行う実例を紹介します．

## 6.2 ●●● データの前処理

モデリングの基本手順を説明した際に，データの前処理では，加工の前に次の点を確認すると述べました．「どういう項目があるか，各項目の意味は何か，項目どうしに重複はないか，各項目はどのような種類の値（連続量，計数値，階級名，…）をとるか，各項目のデータにはどれくらい欠損値があるか，欠損値はどのようにコード化されているか.」このうち欠損値以外の点については，（簡単にではありますが）すでに確認しました．欠損値（数値データの中にあればNAと表記される）の個数は，たとえば次のようにして数えることができます．

```
1  apply(Boston, MARGIN = 2, function(x) {sum(is.na(x))})
```

```
   crim      zn   indus    chas     nox      rm     age
      0       0       0       0       0       0       0
    dis     rad     tax ptratio   black   lstat    medv
      0       0       0       0       0       0       0
```

apply関数は慣れないとわかりにくいかもしれません．第1引数にはデータフレームや行列を入れ，第3引数には関数を入れ，第2引数はその関数を適用する方向を指示する役割を果たします．この場合の第2引数のMARGIN = 2は「列ごとに」という意味（MARGIN = 1なら「行ごとに」）で，全体としては，「Bostonというデータフレームに対して，列ごとに，『欠損値である（is NA）成分の総数（sum）を求めよ』という関数（function）を適用（apply）せよ」という命令となります．このデータの場合，どの列に適用したsum関数の値も「0」となっていますので，欠損値は1つもなかったということです．ただし，全部「0」という結果だと，コードが失敗している心配があるので，念のため，欠損値でないものの個数も数えておくと，次のとおり，ちゃんと506個ずつ揃っており，やはり欠損値はありませんでした．

```
1  apply(Boston, MARGIN = 2, function(x){sum(!is.na(x))})
```

```
    crim       zn    indus     chas      nox       rm      age
     506      506      506      506      506      506      506
     dis      rad      tax  ptratio    black    lstat     medv
     506      506      506      506      506      506      506
```

このあとでデータを加工するので，Bostonと同じ内容をもつxyという名前のデータセットを作り，以後は，そのデータセットに対して作業を施すことにします．また，目的変数の名前もyに変えておきます．

```
1  xy <- Boston
2  colnames(xy)[ncol(xy)] <- "y"
3  str(xy[ncol(xy)])
```

```
'data.frame':   506 obs. of  1 variable:
 $ y: num  24 21.6 34.7 33.4 36.2 28.7 22.9 27.1 16.5 18.9 ...
```

ここで，ncolは列の数（number of columns）を求める関数です（同様に，nrowなら行の数（number of rows）を求める関数で，すぐあとで用います）．したがって，colnames(xy)[ncol(xy)] <- "y"は，データセットxyの列の名前のうちで，列の数の位置（この場合は14番め）に現れるもの（つまり，第14列の名前であり，本例の場合，それは"medv"）を"y"に変えるという意味になります．

データの前処理では「データの分割」が大事でした．いろいろな方法が可能ですが，ランダムに抽出する（sample）ための関数sampleを使って次のようにすれば，（ここでは詳細は説明しませんが）データをtest（ホールドアウト用．ここでは全体の約1/4を抽出）とtrain（学習用）に分割することができます．

```
1  n <- nrow(xy)
2  set.seed(2018)
3  test.id <- sample(n, round(n / 4))
4  test <- xy[test.id, ]
5  train <- xy[-test.id, ]
```

ここでset.seed(2018)は再現性のために入れており，「2018」に深い意味はありません．あえていえば，本書の主たる部分の執筆作業をしていた年を機械的に入れたものであり，恣意性のなさを示唆しているつもりです．

上記を実際に実行した際には，str(test)やstr(train)で中身を確かめてみてください．次元（dimension．行数と列数）だけ表示すれば次のとおりです．

```
1  dim(test)
2  dim(train)
```

```
[1] 126  14
[1] 380  14
```

行数126のデータフレームと行数380のデータフレームに分割することができたことが，これでわかります．実際のモデリングの目的によっては，分割した結果に大きな偏りがないかや，逆に，（たとえばデータの中身の情報を使って）いわば「きれいすぎる」分割をしてしまって，せっかくホールドアウトしたのに，過剰適合を許してしまうものになっていないかについて，よく検証する必要がありますが，ここでは省略します．以下では，trainデータのみ用いてEDAを行っていきます．

## 6.3 ●●● EDAその1：変数どうしの相関

基本手順の解説のときにも相関係数に関する図の出力方法を紹介しましたが，ここではcorrplotパッケージのcorrplot関数による図（図6.1）を紹介します（引数の意味などは，一部を除いて説明は省略します）．

```
1  library(corrplot)
2  corrplot(
3    cor(train, method = "kendall"),
4    type = "upper",
5    order = "hclust",
6    addCoef.col = "gray10",
7    number.cex = 0.5
8    )
```

本書ではこの図は2色刷りとしましたが，実際の出力は多色です．図の中の数値は，行方向と列方向でそれぞれ対応する2つの変数どうしの相関係数（ここではケンドールの順位相関係数とした）の値を示しています．色や円は，相関係数の値の大きさを直感的に伝えるための補助です．

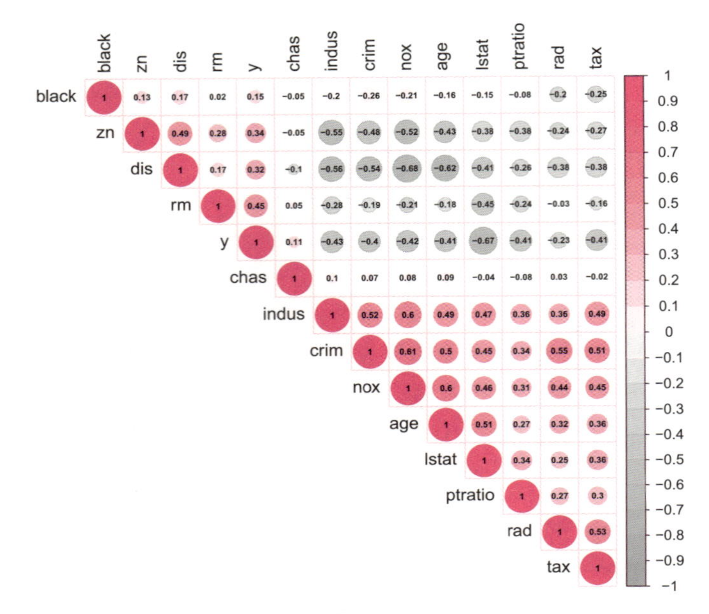


図 **6.1**

この図が特に便利なのは，`order = "hclust"`と指定することで，階層型クラスタリングとよばれる種類のクラスタリングの手法を用いて，相関係数の観点で類似度の高い変数どうしが近くに並ぶように自動的に変数の並び順を変えてくれるところです．そのおかげで，このデータの場合，`chas`がほかとあまり相関がないことや，`chas`より前に並んでいる変数どうしと，後に並んでいる変数どうしがそれぞれでグループをなしており，グループ内では正の相関があり，他方のグループの変数とは負の相関があることなどが，鮮やかに見てとれます．

## 6.4 ●●● EDA その2：各変数の要約

目的変数と各特徴量について，それぞれの要約統計量やヒストグラムを見ることは基本的な作業として考えられます．各変数は，たとえば数値型だとわかっているにしても，どれくらいの刻みで値が与えられているかは変数によって異なるので，ユニーク値の個数，つまり，何個の異なった値がデータに含まれるか，も調べておきます．そして，それらの基本事項を確認した結果，データに気になる点があった場合には，その点に注視して，より詳しくデータを見ていきます．

本データの目的変数の要約統計量とユニーク値の個数 (ユニーク (unique) 値を並べたベクトルの長さ (length)) とヒストグラム（図 6.2）を出力するためのコードは次のとおりです．

```
1  summary(train$y)
2  length(unique(train$y))
3  hist(train$y)
```

```
   Min. 1st Qu.  Median    Mean 3rd Qu.    Max.
   5.00   16.68   21.00   22.60   25.00   50.00
[1] 197
```

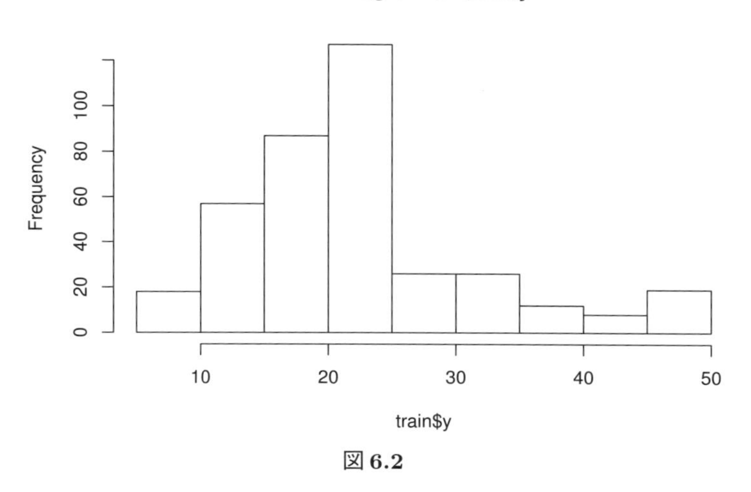


図 6.2

ヒストグラムの右端が高くなっている点と，最大値がちょうど 50 という切りのよい数値である点が気になります．値が 50 となっている対象の個数を調べ，また，ヒストグラムの分割（breaks）をもっと増やしてみましょう (図 6.3)．

```
1  sum(train$y == 50)
2  hist(train$y, breaks = 100)
```

```
[1] 13
```

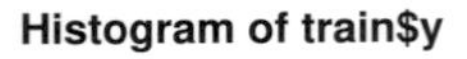


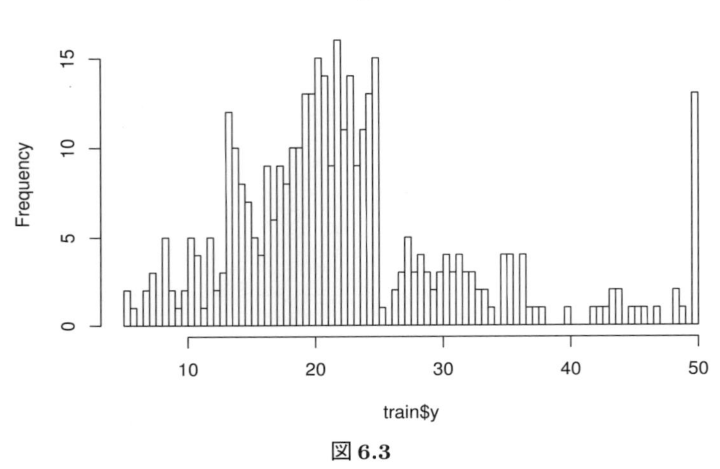


図 6.3

これらを見ると，このデータは 50 で値が打ち切られていることが確信できます．

各特徴量も同様に調べていきます．本来は 1 つひとつ丁寧に見ていくべきですが，ここでは同時に見ておきましょう．

まずは，要約統計量です．

```
1  summary(train[, -ncol(xy)])
```

```
 Min.   : 0.00632   Min.   :  0.00   Min.   : 0.460
 1st Qu.: 0.07984   1st Qu.:  0.00   1st Qu.: 5.175
 Median : 0.22313   Median :  0.00   Median : 8.560
 Mean   : 3.54457   Mean   : 12.05   Mean   :10.946
 3rd Qu.: 3.49788   3rd Qu.: 20.00   3rd Qu.:18.100
 Max.   :88.97620   Max.   :100.00   Max.   :27.740
```

```
      chas              nox              rm
 Min.   :0.00000   Min.   :0.3850   Min.   :3.561
 1st Qu.:0.00000   1st Qu.:0.4480   1st Qu.:5.889
 Median :0.00000   Median :0.5240   Median :6.205
 Mean   :0.06579   Mean   :0.5487   Mean   :6.288
 3rd Qu.:0.00000   3rd Qu.:0.6240   3rd Qu.:6.621
 Max.   :1.00000   Max.   :0.8710   Max.   :8.780
      age              dis              rad
 Min.   :  6.00   Min.   : 1.130   Min.   : 1.000
 1st Qu.: 42.20   1st Qu.: 2.106   1st Qu.: 4.000
 Median : 74.85   Median : 3.375   Median : 5.000
 Mean   : 67.24   Mean   : 3.878   Mean   : 9.545
 3rd Qu.: 93.33   3rd Qu.: 5.316   3rd Qu.:24.000
 Max.   :100.00   Max.   :10.710   Max.   :24.000
      tax            ptratio          black
 Min.   :188.0   Min.   :12.60   Min.   :  0.32
 1st Qu.:281.0   1st Qu.:17.40   1st Qu.:376.09
 Median :330.0   Median :19.10   Median :391.77
 Mean   :407.9   Mean   :18.49   Mean   :358.67
 3rd Qu.:666.0   3rd Qu.:20.20   3rd Qu.:396.16
 Max.   :711.0   Max.   :22.00   Max.   :396.90
     lstat
 Min.   : 1.730
 1st Qu.: 6.893
 Median :11.330
 Mean   :12.690
 3rd Qu.:17.105
 Max.   :37.970
```

次は，ユニーク値の個数です．

```
1  apply(X = train[, -ncol(xy)],
2        MARGIN = 2,
3        FUN = function(x) {length(unique(x))})
```

```
   crim      zn   indus    chas     nox      rm     age
    379      25      72       2      80     346     285
    dis     rad     tax ptratio   black   lstat
    320       9      64      45     278     354
```

そしてヒストグラム（図6.4）です．

```
1  oldpar <- par(no.readonly = TRUE)
2  par(mfrow = c(3, 5))
3  for (i in 1:(ncol(xy) - 1)) {
4    xname <- colnames(xy)[i]
5    hist(train[, i],
6         main = paste("Histogram of", xname),
7         xlab = xname)
8  }
9  par(oldpar)
```

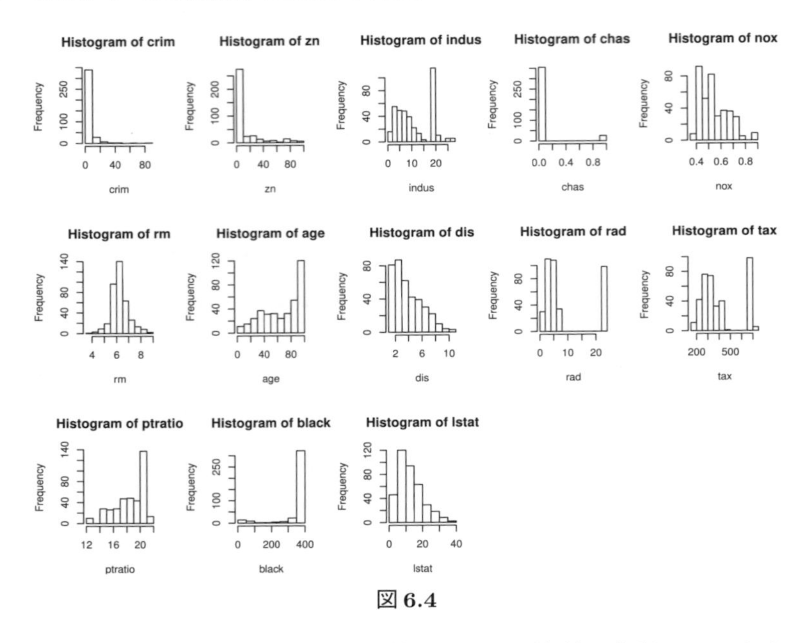


図 6.4

このヒストグラム用のコードでは関数parが3箇所に登場しています．これはグラフィック関係の制御のための関数で，ここでは，グラフをいっぺんにうまく並べるために使っています．この関数は，本書ではこのあとも何度か使いますが，たいていは，書籍上にどううまく図を収めるかに関わることであって，モデリングの基本手順の本筋には関わらないので，原則として解説は省略します．ただし，グラフの配置に関するものでなく，グラフの中身に影響するparの使い方をする場合には，適宜，説明を付していきます．

これらの図からいろいろなことに気づきます．たとえば，crim, zn, blackの3つはかなり歪んだ分布をしています．そのため，候補となるモデルによっては，あらかじめ変数を加工（たとえば，本書では扱いませんが，ボックス=コックス変換）してから扱うということが考えられます．また，indusとtaxには，極端に度数の大きい値が見られますので，調べてみる必要があります．radは9種類の値しかとりませんが，1つだけほかから大きく離れているので，これもどういうことか気にしておく必要があります．

いま述べたことのいくつかについては，本書の中でももう少し触れますが，本書の目的は，このデータ自体を探究することではないので，あまり深入りはしません．その他の気になりうる点についても深入りしません．興味のある読者は，とてもよい練習にもなるので，より深く追求してみるとよいでしょう．有名なデータなので，Web などからも多くの情報が得られます．

## 6.5 EDA その3：一元的分析

各特徴量がどのような分布になっているかを見ましたが，モデリングの目的からすれば，各特徴量と目的変数との関係をつかむことが大切です．まずは散布図を見ることが基本作業として考えられます（図6.5）．

```
1  oldpar <- par(no.readonly = TRUE)
2  par(mfrow = c(3, 5))
3  for (i in 1:(ncol(xy) - 1)) {
4    xname <- colnames(xy)[i]
5    plot(train[, i], train$y, pch = ".", xlab = xname)
6  }
7  par(oldpar)
```

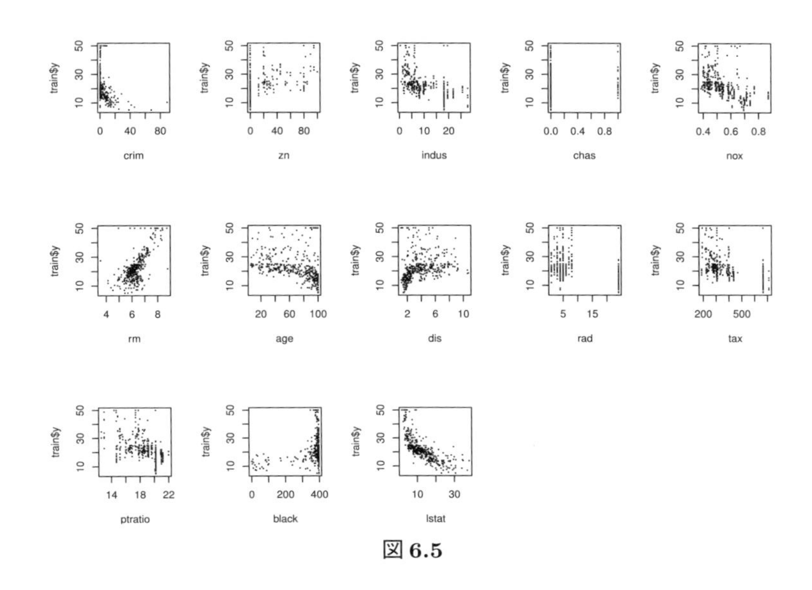


図 6.5

最初は，余計な先入見をもたないように，種々の情報を付加せず，このような単純な散布図のまま見るのが正攻法です．もちろん，本来なら1つひとつの散布図を（もっと拡大して）じっくり見ます．

1変数だけでもそれなりに説明力がありそうなものは，たとえば**lowess曲線**のような**局所平滑化曲線**とよばれる曲線を引いて（line），それを回帰曲線に見立てて描画することが参考になる場合があります．その一例は次のとおりです（図6.6．コードの詳細の説明は省略します）．

```
1  i <- 13
2  xname <- colnames(xy)[i]
3  plot(train[, i], train$y , xlab = xname)
4  lines(lowess(train[, i], train$y))
```

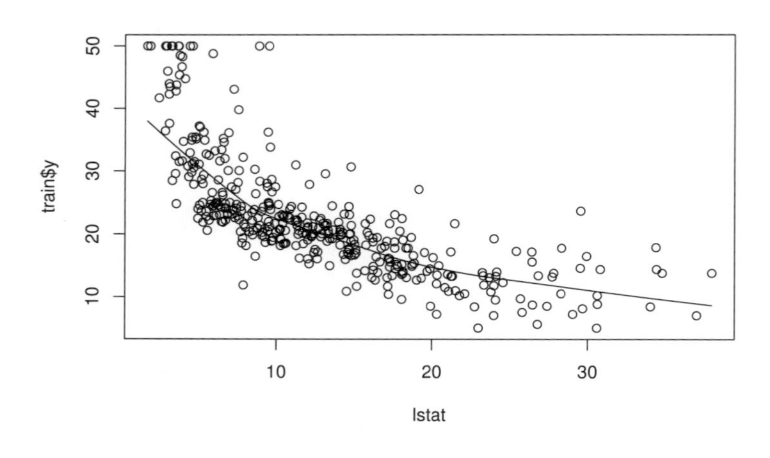


図**6.6**

## 6.6 ●●● EDA その 4：特異な箇所の探究例

本データには深入りしないと述べましたが，EDA を通して気になった点を掘り下げる方法の例だけは示しておきます．たとえば，indus のヒストグラムには気になる点がありました．少し分割を多くして再掲すると次のとおりです（図 6.7）．

```
1  xname <- "indus"
2  hist(train[, xname],
3       breaks = 100,
4       main = paste("Histogram of", xname),
5       xlab = xname)
```

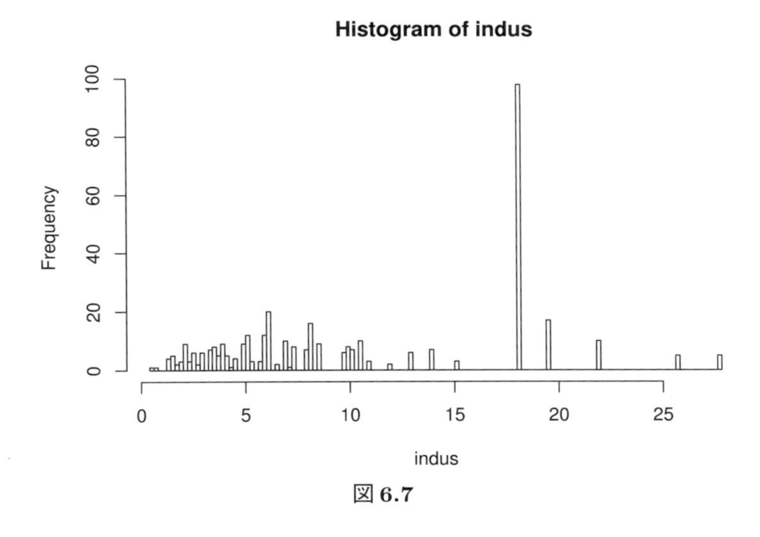


図 6.7

18 あたりにやけに度数の大きなところがあります．そこで，たとえば次のように，計数の表（table）の中で度数が最大（max）なのはどれ（which）かを調べてその名前（name）を表示させると"18.1"であり，sum 関数を使ってその個数を調べると，98 と突出して多いことがわかります．

```
1  names(which.max(table(train$indus)))
2  sum(train$indus == 18.1)
```

```
[1] "18.1"
[1] 98
```

そこで，indus == 18.1 となる98個の対象についてのみ，各変数の要約統計量を調べてみると，次のとおりとなります．

```
1  summary(train[train$indus == 18.1, ])
```

```
      crim                zn          indus            chas
 Min.   : 2.379   Min.   :0   Min.   :18.1   Min.   :0.00000
 1st Qu.: 5.940   1st Qu.:0   1st Qu.:18.1   1st Qu.:0.00000
 Median : 9.108   Median :0   Median :18.1   Median :0.00000
 Mean   :12.750   Mean   :0   Mean   :18.1   Mean   :0.07143
 3rd Qu.:14.309   3rd Qu.:0   3rd Qu.:18.1   3rd Qu.:0.00000
 Max.   :88.976   Max.   :0   Max.   :18.1   Max.   :1.00000
      nox               rm              age
 Min.   :0.532   Min.   :3.561   Min.   : 40.30
 1st Qu.:0.631   1st Qu.:5.721   1st Qu.: 87.90
 Median :0.693   Median :6.205   Median : 94.75
 Mean   :0.671   Mean   :6.043   Mean   : 90.06
 3rd Qu.:0.713   3rd Qu.:6.436   3rd Qu.: 99.05
 Max.   :0.770   Max.   :8.780   Max.   :100.00
      dis             rad           tax           ptratio
 Min.   :1.130   Min.   :24   Min.   :666   Min.   :20.2
 1st Qu.:1.578   1st Qu.:24   1st Qu.:666   1st Qu.:20.2
 Median :1.905   Median :24   Median :666   Median :20.2
 Mean   :2.027   Mean   :24   Mean   :666   Mean   :20.2
 3rd Qu.:2.322   3rd Qu.:24   3rd Qu.:666   3rd Qu.:20.2
 Max.   :4.098   Max.   :24   Max.   :666   Max.   :20.2
     black            lstat             y
 Min.   :  0.32   Min.   : 2.96   Min.   : 5.00
 1st Qu.:244.20   1st Qu.:14.23   1st Qu.:11.12
 Median :369.48   Median :17.76   Median :14.25
 Mean   :290.89   Mean   :18.61   Mean   :16.57
 3rd Qu.:393.30   3rd Qu.:23.18   3rd Qu.:19.82
 Max.   :396.90   Max.   :37.97   Max.   :50.00
```

この結果を見ると，この98個の対象のzn，indus，rad，tax，ptratioは，何と，どれも1つの値しかとっていません．しかも，もう少し調べてみると，radとtaxについていえば，radで24をとるものはこの98個以外になく，taxで666をとるものもこの98個以外にないことが判明します（すぐ下の練習問題参照）．radは9通りの値しかありませんから，この特殊性は，rad == 24であるデータの特殊性の問題として捉えたほうがよいと思われます．

### 練習問題

本事例のtrainデータにおいて，radで24をとるものの個数と，taxで666をとるものの個数をそれぞれ調べよ．

### 答え

たとえば，次のとおり（いろいろな表現が可能であることを例示するために，互いにかなり異なる方法であえて記しています）とすれば，98個ずつあることがわかります．

```
1  sum(train[, "rad"] == 24)
2  nrow(train[train$tax == 666,])
```

```
[1] 98
[1] 98
```

以上のように，本データのこの部分にはかなり特殊性があり，モデリングの目的次第では，データとしての信憑性も含め，根本的に調べ直すべきところです．しかしながら，練習のために本データを用いている本書ではこれ以上深入りせず，また，この特徴を踏まえた特徴量加工も（実際に試すと，効果のある加工もありましたが），話が煩雑になるので紹介しません．

実は，rad == 24のデータは，目的変数の値が何らかの特定値に集中しているわけではありません．次に示すように，標本分散が残りのデータに対するものよりも大きいという意味では，むしろ，目的変数の値はよくばらけています．

```
1  var(train$y[train$rad == 24])
2  var(train$y[!train$rad == 24])
```

```
[1] 85.34655
[1] 74.41905
```

また，結果論ですが，このままモデリングしていっても，それなりの予測精度が出ます．そこで，データの特殊性は念頭に置きつつ，しかし，本書の目的上は特に支障もないことから，特段の対処はせずにこのまま先に進めます．

## 6.7 ●●● EDAその5：予測力の高いモデルによるEDA

基本手順を説明した際に，予測力が高いと期待できるが，種々の理由で最終的な候補としては採用しにくいモデル（たとえばランダムフォレスト）でもEDAに利用できる場合がある旨を（3.6.6で）紹介しました．ここで，具体的にその例を示します．

ランダムフォレストがどういう原理に基づくモデルであるかは，本書ではあと（7.3.1）で簡単に説明をしますが，ここでは説明しません．むしろ，中身が不明という意味でのブラックボックスモデルとしておいたほうが，ここでの話は混乱しにくいと思います．つまり，ここで用いるランダムフォレストは，特徴量を入力すると目的変数に対応する適合値を出力してくれる（何だかよくわからないけれども）予測力の高いモデルだ，と理解しておいてください．

予測力の高いモデルは一般に，ランダムフォレスト以外でも，以下で説明する仕方でEDAに用いることは原理的に可能です．ですが，その利用に，ランダムフォレストが特に適しているのは，ランダムフォレストは，ほとんど何のチューニングもしなくても（つまり，ほぼデフォルトで）かなりの予測力を発揮することがよくあるためです．

以下では，ランダムフォレスト等を利用したEDAのツールのうちの代表的なものとして特徴量重要度とPDPとICEとを紹介します．

これらは，もともとはモデルを解釈するのに役立てるために開発されたツールであり，ブラックボックス的な予測モデルにおいて，特徴量と予測値との関係がどうなっているかを可視化するために用意されたものです．それをここではEDA，つまり，（モデルでなく）データを探索的に解析する目的で使います．もし，そのモデルが高い予測力を発揮することができているなら，そのモデルにおける特徴量と予測値との関係が可視化できれば，それはそのまま，これからモデルを構築しようとするときのヒントになると期待できるからです．

もとはモデルを解釈する際に使うツールですから，モデルがないとはじまりません．そこで，まずは（ここではランダムフォレストの）モデルを作っておきます．

Rに限ってもランダムフォレスト用のパッケージは複数ありますが，ここでは（最近開発されたものと比べると計算速度などは劣りますが）最も古典的なrandomForestパッケージのrandomForest関数を使うことにします．

```
1  library(randomForest)
2  set.seed(2018)
3  boston.rf <- randomForest(y ~ .,
4                            data = train,
5                            importance = TRUE)
```

この簡単なコードで，モデル（オブジェクト名はboston.rf）ができます．y ~ .の部分は，ピリオド（.）が「全特徴量を使う」ということを意味しており，表現全体としては「yを目的変数として，全特徴量を使って回帰する」ということを意味しています．ピリオドを使ったこの表現は，多くのモデルで共通して用いることのできるとても便利なものであり，本書でも何度も使用します．importance = TRUEというのは，あとで特徴量重要度（次の6.7.1参照）を求める際に必要な計算値を，モデル作成時にちゃんと内部に保持しておくように指示するものです．

できたモデルをtestデータに適用したときの，実際の観測値と予測（predict）値との関係の図（図6.8）を描き，予測誤差としてRMSEを求めるためのコードの例は次のとおりです．

```
1  pred <- predict(boston.rf, newdata = test)
2  plot(test$y, pred, main = boston.rf$call)
3  curve(identity, add = TRUE)
4  rms <- function(act, pred) {
5    sqrt(mean((act - pred) ^ 2))
6  }
7  cat(" RMSE =", rms(test$y, pred))
```

```
RMSE = 2.875431
```

ここで定義しているrmsは実際の値actと予測値predとからRMSEを求める関数です．ちなみに，ランダムフォレストと同様に特徴量を全部使って線形回帰を行ったときのRMSEは次のとおりであり，線形回帰よりもランダムフォレストのほうが，予測誤差が随分小さいことがわかります．

```
1  cat(" RMSE = ",
2      rms(test$y,
3          predict(lm(y ~ ., data = train), newdata = test)))
```

```
RMSE =  3.686226
```

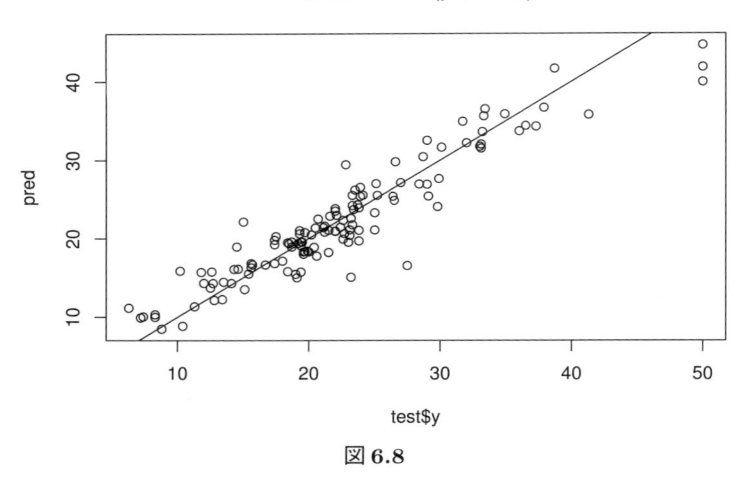


図 **6.8**

## 6.7.1 特徴量重要度

さて，まずは，このランダムフォレストのモデルを使って特徴量重要度を見てみましょう．**特徴量重要度**（Feature Importance）は，当のモデルにおける特徴量の寄与の大きさを，特徴量ごとに示すものです．`randomForest` の特徴量重要度は，作ったモデルを `randomForest` パッケージの `importance` 関数に入力すれば求まります．そうやって求めたものを重要度の大きい順（decreasing）に並べ替え（sort）したものを用意し，棒グラフ（bar chart）として図示（図 6.9）するコードは次のとおりです．

```
1  boston.imp <-
2    sort(importance(boston.rf, type = 1, scale = FALSE)[, 1],
3         decreasing = TRUE)
4  barplot(boston.imp, names.arg = rownames(boston.imp))
```

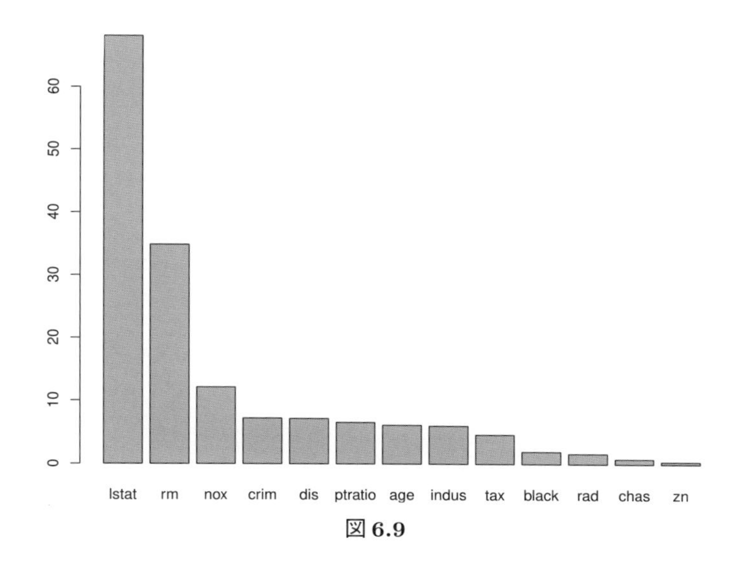


図 6.9

特徴量重要度は，たとえばランダムフォレストにはランダムフォレスト用の計算方法が用意されており，しかも，ランダムフォレストに限っても複数の計算方法が提案されており，一般的統一的な計算方法があるわけではありません．本例のとおり randomForest パッケージの importance 関数を，

```
importance(x, type = 1, scale = FALSE)
```

という形で使う場合についてのみごく大まかにいえば，各特徴量の重要度は，その特徴量の情報だけがなくなったとしたら平均的に予測誤差がどれだけ悪化するか，を計算して求めています．

特徴量重要度は，各特徴量の寄与の大きさの参考にはなりますが，その寄与が，個々の予測値を変化させる幅で見たときにどれくらいのものであるかはわかりませんし，それどころか，その特徴量と予測値との間に正の相関があるのか負の相関があるのか，といった寄与の方向さえわかりません．そうした影響の幅や方向の参考になる情報として，PDP や ICE があります．

### 6.7.2 PDPとICE

**PDP**（Partial Dependence Plot. 部分依存図）は，ジェローム・フリードマン（1939–）が2001年の論文（Friedman (2001)）でGBM（勾配ブースティングマシン）というモデルとともに導入したものです．**ICE**（Individual Conditional Expectation）は，アレックス・ゴールドスタインらが2015年の論文（Goldstein et al. (2015)）で導入したものであり，PDPのアイデアの一部を拡張したものです．したがって，歴史的にはPDPを先に説明すべきですが，定義についていえば，いまとなっては，ICEの定義を先に提示したほうが説明が簡単だと思いますので，本書では先にそちらを説明します．なお，PDPは（そして，原理的にはICEも）複数の特徴量に同時に注目したときにも定義できますが，簡単のため，最初は，1個の特徴量に注目した場合で説明します．

さて，ICEとは，各観測対象について，注目している特徴量以外は観測値のとおりとしたまま，注目している特徴量を水平座標にとって，とりうる値の範囲で仮想的に値を動かしたとき，用意したモデルに基づく予測値がいくらとなるかを垂直座標としてプロットしたもののことです．そして，PDPは，ICEの垂直座標の値を全観測対象について平均したものを，垂直座標の値としてとったものです．

上で作ったランダムフォレストのモデル`boston.rf`に対して，たとえば（特徴量重要度の最も大きかった）特徴量`lstat`のICE（図6.10）は，`pdp`パッケージの関数`partial`と`plotPartial`を利用することで，次のように簡単に描けます．

```
1  library(pdp)
2  ice <- partial(object = boston.rf,
3                 pred.var = c("lstat"),
4                 ice = TRUE)
5  plotPartial(ice)
```

図の中段あたりに見える赤い折れ線は，ICEの平均をとったもの，つまりPDPです．

PDPを直接計算させるには，次のようにします（あわせて図（図6.11）も描いています）．

```
1 pdp <- partial(object = boston.rf,
2                pred.var = c("lstat"))
3 plot(pdp, type = "l", col = "red")
```

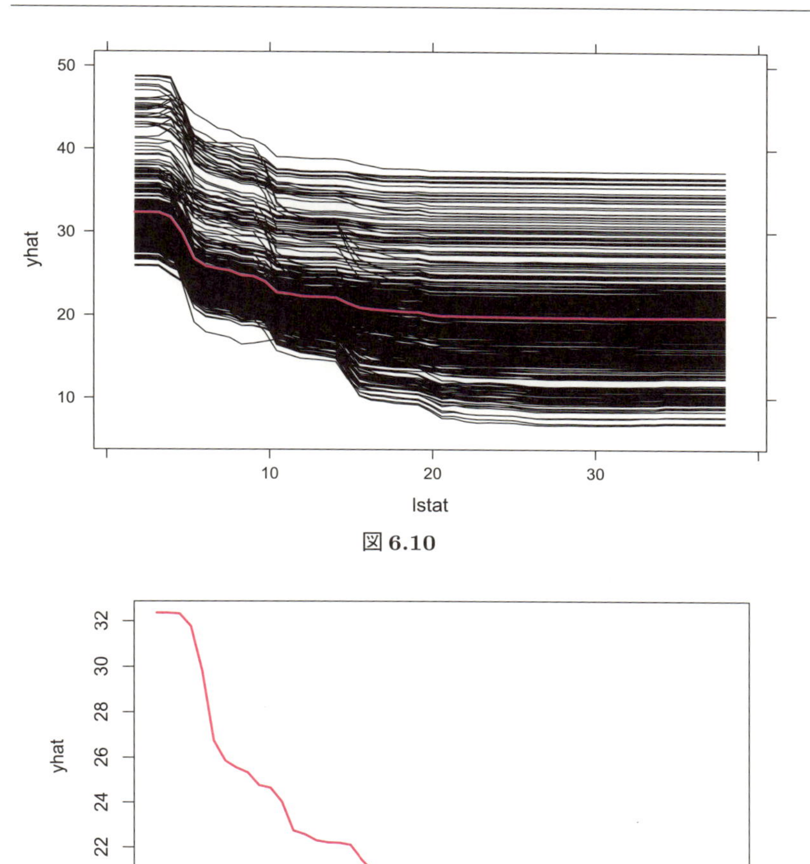


図 **6.10**

図 **6.11**

定義から想像がつくかもしれませんが，PDP は，注目している特徴量が予測モデルに対して有する平均的な寄与を（学習データから推定して）可視化しようとするものです．すべての特徴量についてまとめて描いておけば，次のとおりです（図6.12）.

```
 1  oldpar <- par(no.readonly = TRUE)
 2  par(mfrow = c(3, 5))
 3  for (i in 1:(ncol(xy) - 1)) {
 4    xname <- colnames(xy)[i]
 5    pdp <- partial(object = boston.rf,
 6                   pred.var = c(xname))
 7    plot(pdp, type = "l", col = "red")
 8    abline(h = mean(train$y))
 9  }
10  par(oldpar)
```

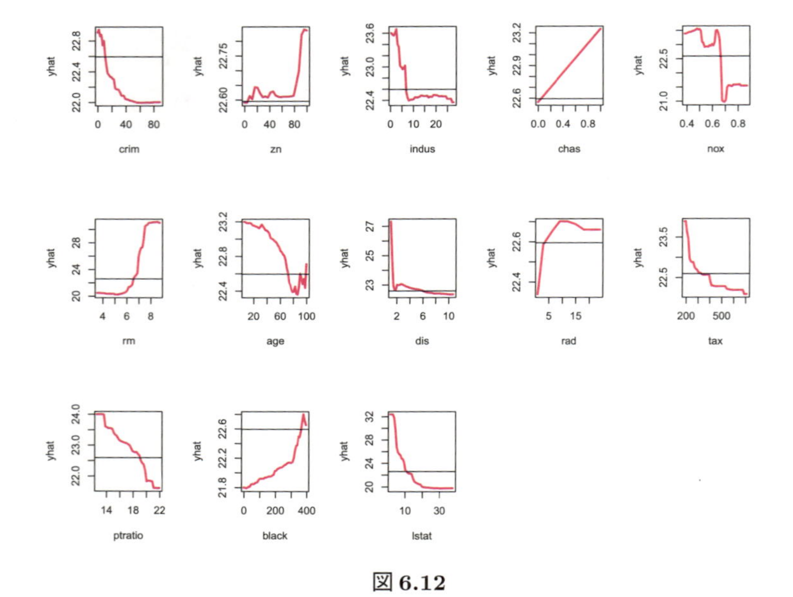


**図 6.12**

各図に引いてある水平線は，$y = a + bx$ という線を，すでにある図に加えて描く機能をもつ`abline`という関数を使い，水平（horizontal）の位置を目的変数の標本平均の大きさに指定して描いたものです．

ここで，数式を使ったほうが話がわかりやすい読者のために，PDPの意味についてもう少し厳密な話をしておくと，以下のとおりです．目的変数を$Y$とし，注目している特徴量を$X_j$，その他の特徴量をまとめて簡単に$X_{-j}$とします．ここで，予測モデルによる$Y$の予測値（確率変数）を（特徴量ベクトルを引数とし，実数値を返す）関数 $f$ を用いて $f(X_j, X_{-j})$ と表すこととし，特徴量 $X_j$ に対して

$$\mathrm{PD}_j(x) = E[f(x, X_{-j})]$$

と定義される**部分依存関数** $\mathrm{PD}_j(x)$ を考えます．このとき，各 $x$ に対する $\mathrm{PD}_j(x)$ の推定値をプロットしたものとして導入されたのが，特徴量 $X_j$ に対応する PDP です．実用上は，通常，$X_{-j}$ の真の分布について特段のモデルは仮定せず，学習データに基づく経験分布が真の分布に近いとだけ想定して，$\mathrm{PD}_j(x)$ の具体的な推定値は，単純に，各 $x$ に対する $f(x, X_{-j})$ の実現値（ICE の $y$ 座標値と同じで，学習データの標本サイズの個数だけある）すべての平均値とします．そのため，実用上の PDP は ICE を単に平均したものとなります．

ところで，学習データについて，注目している特徴量と目的変数の観測値の散布図を描いたとき，それを局所平滑化した（たとえば）lowess 曲線は，一見すると PDP に類似しています．こうした曲線も，その特徴量だけの情報から予測値のおおよその大きさの示唆が得られる点でもちろん有益です．しかしながら，（数式でいえば $E[Y \mid X_j = x]$ という関数を推定したものであり）個別の予測モデルとは無関係に計算されるものであり，PDP とはまったく別物です．

PDP（赤線で表す）に，散布図とその lowess 曲線（黒の実線で表す），さらに，学習データにおける目的変数の平均値を表す水平線を重ねて描くコードの例を示せば次のとおりとなります（図 6.13）．

```
1  xlim <- range(train$lstat)
2  ylim <- range(train$y)
3  h <- mean(train$y)
4  plot(train[, "lstat"], train$y, pch = 20, col = "gray",
5       xlim = xlim, ylim = ylim, axes = FALSE, ann = FALSE)
6  par(new = TRUE)
7  plot(pdp, type = "l", col = "red", xlim = xlim, ylim = ylim)
8  par(new = TRUE)
9  plot(lowess(train[, "lstat"], train$y), type = "l",
10      xlim = xlim, ylim = ylim,
11      axes = FALSE, ann =FALSE)
12 abline(h = h)
```

コードに現れる関数はすべて本書内に既出です．ただし，ここで `par(new =`

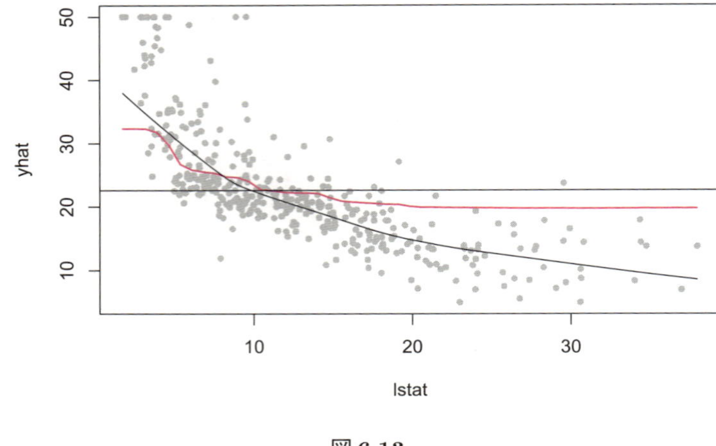


図 6.13

TRUE）というのは，新しいグラフを重ね描きするための命令です．その他の関数の引数等の詳細の説明は省略します．

PDP は，注目している特徴量の平均的な寄与を表すものであり，観測対象による寄与の違いの情報は得られません．ICE では，そうした違いが可視化されます．

ICE からは，一種の重要度も読み取れます．たとえば，ほかの特徴量と（縦軸は同じスケールにして）比べたときに ICE の上下の広がりが狭い特徴量は，目的変数の予測に関して単独でもつ情報量がほかの特徴量よりも多いといえます．

ランダムフォレストのように交互作用の把握に長けているモデルで作った ICE の図からは，（強い）交互作用の有無に関する情報も得られます．

たとえば，ICE が全体的に並行して走っている（上で見た lstat の場合はそうでした）なら，その特徴量は，予測モデルの中でほぼ加法的に働いていると考えられます．そうではなく，並行性が大きく失われている部分がある場合には，ほかの特徴量と何らかの強い交互作用があると考えられます．

また，特徴量によっては，全体として右肩上がりの線になっている ICE と全体として右肩下がりの線になっている ICE とが混在している場合もありえます．そのような場合にも，その特徴量は単純に加法的に働いていると考えるわけにはいきません．

この「右肩上がりか右肩下がりか」のばらつきについては，pdp パッケージの partial 関数で ICE のためのオブジェクトを作るときに，center = TRUE と指定すると見やすくなります．そのように指定すると，ICE の左端の値が 0 となるようにすべての ICE を上下に平行移動して「中心化」されるからです．

本例の中でそのばらつきが大きい indus の場合を見ると，次のとおりです（図 6.14．ただし，図に示されているとおり，各 ICE の上下への動きの幅はせいぜい 4 程度であり，本データの目的変数の水準からすると，予測にとって特に大きな影響をもつばらつきではありません）．

```
1  ice <- partial(
2    object = boston.rf,
3    pred.var = c("indus"),
4    ice = TRUE,
5    center = TRUE
6    )
7  plotPartial(ice)
```

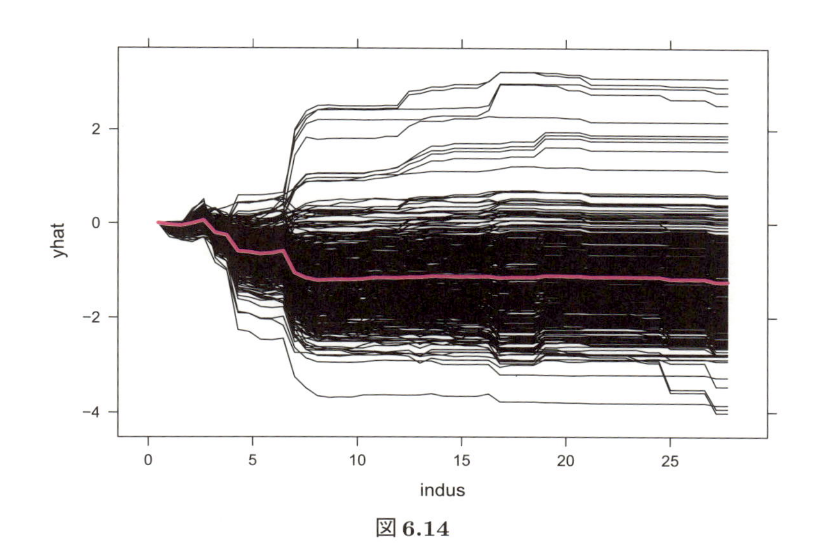


**図 6.14**

ほかの特徴量もすべて，中心化した ICE を見ておきましょう（図 6.15．これらの図を描くためのコードは，図が書籍にうまく収まるようにするために，本質的でないところで複雑となって紙幅を要するため，省略します).

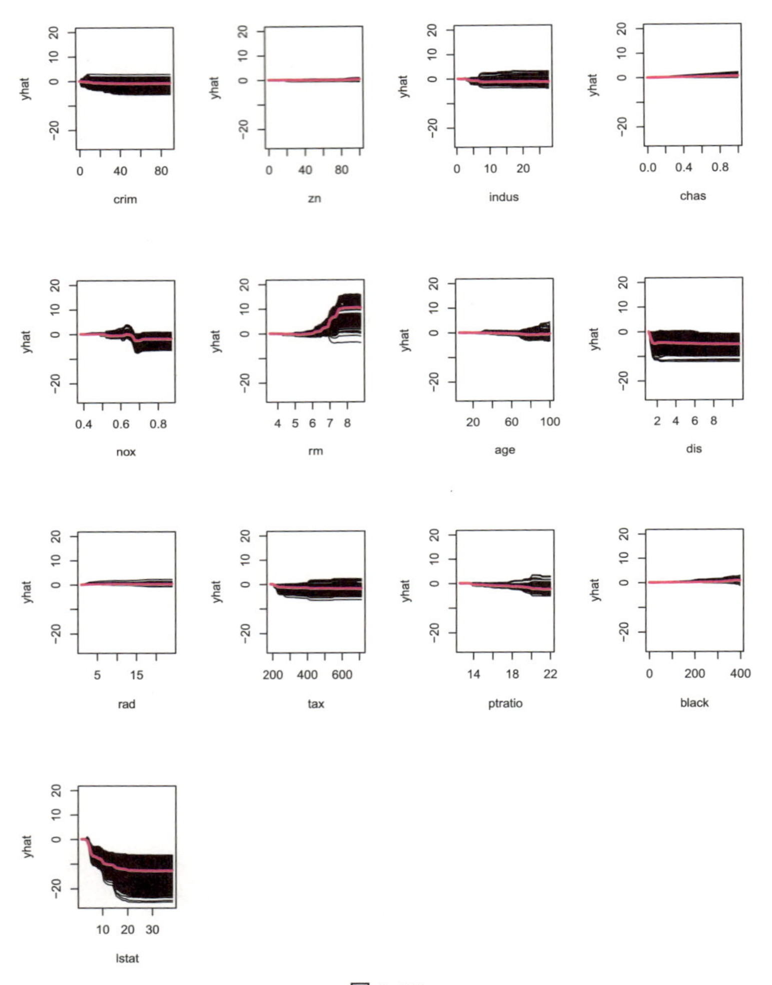


図 **6.15**

ICE や PDP は可視化ツールなので，注目する特徴量の個数が増えると，多次元の図を描くことになり現実的ではなくなります．しかしながら，原理的には定義できるはずで，実際に PDP は 2 変数以上でも定義され，特に 2 変数のものはよく用いられます．

2 変数の場合の ICE も定義しておきましょう．2 変数の場合の ICE とは，各観測対象について，注目している2つの特徴量以外は観測値のとおりとしたまま，注目している2つの特徴量のみを，とりうる値の範囲で（つまり2次元的に）仮想的に値を動かしたとき，用意したモデルに基づく予測値がいくらとなるかをプロットしたもののことです．2変数の場合のPDPは，2変数の場合のICEを，全観測対象について平均したものです．

特徴量重要度の上位だった`lstat`と`rm`の2変数に対するPDPを図示すると次のとおりです（図6.16と図6.17．実際に実行した場合は多色となります）．**2変数のPDPの実行には時間を要する場合があるのでご注意ください．**

```
1  pdp <-
2    partial(object = boston.rf,
3            pred.var = c("lstat", "rm"),
4            chull = TRUE  # assure points exist in convex hull
5            )
6  plotPartial(pdp, contour = TRUE)
7  plotPartial(pdp,
8              levelplot = FALSE,
9              drape = TRUE,
10             screen = list(z = -40, x = -60))
```

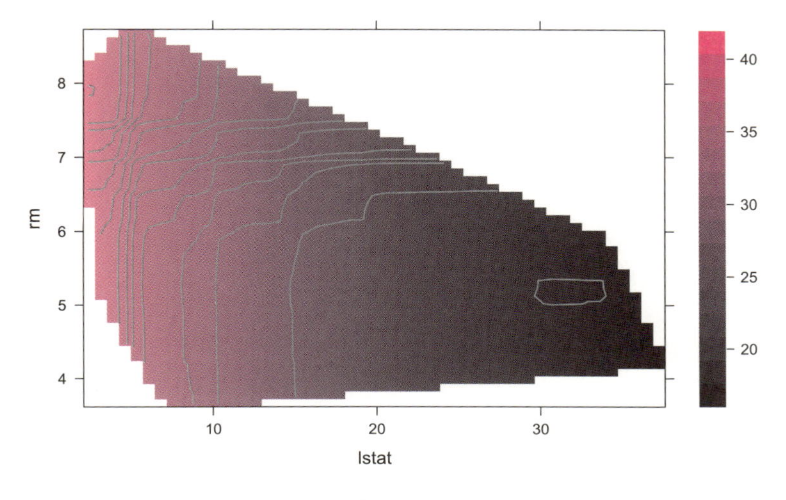


図 6.16

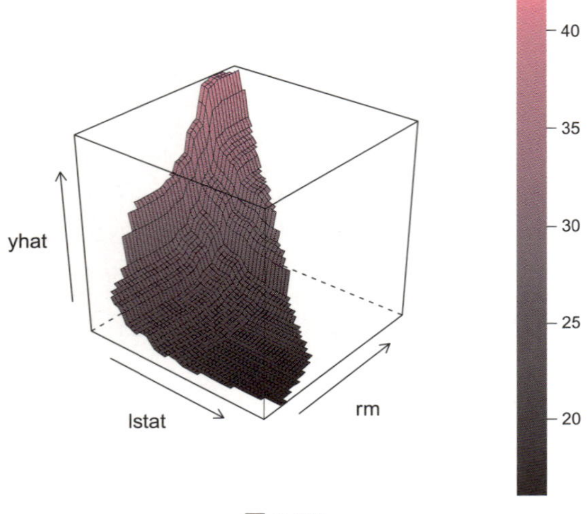


図 6.17

# 予測モデリング用のモデル

本章では，本書が考えている予測モデリングで活用しやすいモデルをいくつか紹介します．

## 7.1 ●●● 準備

本章で用いる乱数シードの番号を設定しておきます．

```
1  SEED <- 2018
```

本章のコードを実行したのちに，この右辺を異なる数値に変えて本章のコードを再実行すれば，異なる乱数シードでの結果を容易に試すことができます．

本章では，前章のEDAの実例に引き続き，Bostonデータセットから作ったtrainデータとtestデータを使います．それらのデータがR環境に残っていない場合は，次のコードを先に実行してください．

```
1  library(MASS)
2  xy <- Boston; colnames(xy)[ncol(xy)] <- "y"; n <- nrow(xy)
3  set.seed(SEED); test.id <- sample(n, round(n / 4))
4  test <- xy[test.id, ]; train <- xy[-test.id, ]
```

また，適合具合の尺度と予測精度の尺度にそれぞれRMSRとRMSEを使うので，その計算のための関数 rms もあらかじめ用意しておきます．

```
1  rms <- function(act, pred) {sqrt(mean((act - pred) ^ 2))}
```

## 7.2 ●●● 予測モデリング用のモデルに求められること

本書で考えている予測モデリングに採用するのに理想的なモデルは，目的にかなった十分な予測精度をもっており，それでいて，説明力の点でもすぐれているものです．

一口に「説明力」といってもいろいろな面があります．たとえば，次の3点を挙げることができます．

1. **説得力**：原理に説得力があり（関係者を説得しやすいという意味で）わかりやすい．
2. **単純性**：（人が把握できる程度の個数の特徴量の観測値をもとにして複雑な場合分けのない算式によって予測値を算出することができるなど）特徴量から予測値を求める算式が複雑すぎない．
3. **解釈性**：各特徴量が予測値に与える影響がわかりやすい．

このうちの1点めの意味での説明力は必須です．3点めの意味での説明力もきわめて重要ですが，近年は，たとえばEDAの実例の中で紹介したPDPのようなツールの発達もあり，ブラックボックス的なモデルでも解釈性は高まっており，この点で選択肢から外れるモデルは，現在ではあまりないかもしれません．

最も論点になりうるのは，2点めと思われます．単純性よりも予測力のほうが大事であるという場面もあるでしょう．しかしながら，予測結果がいろいろな場面（当初は想定していなかった場面もあるかもしれません）に応用されることを考えると，単純性をできるだけ優先する，言い換えれば，ほかの点での差異が大きくない場合にはできるだけ単純性の高いものを選択する，という方針が現実には大変重要だと思われます．

リスクを扱うための予測モデリングでは，予測力と説明力以外にも重要な点があります．予測力と説明力のどちらの点でも潜在的にはすぐれているモデルであっても，実際の業務に安心してとりいれられるとは限りません．1つには，実行面での安定性が不可欠です．人や計算機の環境が一定の技能や性能を備えていれば，いつ誰がモデリングをしても結果には大きなぶれがない，という意味で頑健で安定的で高い再現性をもつことが求められます．また，現実的には，費用対効果も重要な要素です．いくら予測力と説明力が高いモデルが作れると期待できるとしても，その効果に見合った合理的なコスト（労力も含む）で実現できる方法でなければ実際的ではありません．

1ついえるのは，いま述べた観点に鑑みても，モデルが「単純」であることは何かと好ましいということです．したがって，「できるだけ単純に」というのは，リスクを扱うための予測モデリングにおいては，大変重要なモットーといえます．

## 7.3 ●●● 利用しやすいモデルの例

本書で考えている範囲の予測モデリングに使いやすいモデルの代表例を，これまでにまだ紹介していないものも含め，その典型的な使用目的ごとに列挙すると，以下のとおりです（括弧内には，そのモデルを構築するための R 関数と，ものによっては若干の関連情報を簡単に記しています）．

1. 最終的なモデルとして採用しやすいモデルの例

   一般化線形モデル（`glm`．`step` 関数を併用すると AIC の局所最適化もできる），一般化加法モデル（`gam::gam` や `mgcv::gam`），正則化 GLM（`glmnet::glmnet` や `glmnetUtils::glmnet` や `h2o::h2o.glm`），AGLM（`aglm::aglm`．`https://github.com/kkondo1981/aglm` からインストール可能）

2. EDA に利用しやすいモデルの例

   ランダムフォレスト（`randomForest::randomForest` や `ranger::ranger`．`pdp::partial` を使うと ICE や PDP が簡単なコードで出せる）

3. 予測力が高いために参考となりうるモデルの例
   XGBoost（xgboost::xgboost）

このうちの1に掲げたモデルは，一般化線形モデル（GLM）およびそれを拡張したものであり，どれも，特徴量から予測値を求める算式が比較的複雑でないという意味で「単純性」をもつため，目的に適った予測力が発揮できる場合には，採用の最有力候補となるモデルの例です．その意味で，本書で考える予測モデリング用のモデルとしては最重要であり，節や章をあらためて説明します．

上の2と3にそれぞれ挙げたランダムフォレストとXGBoostは，どちらも決定木に関連するモデルです．そこで，まずは決定木の説明をし，次にランダムフォレストとXGBoostを含めたいくつかのモデルに関する諸事項を簡単に説明します．

### 7.3.1 決定木関連モデル

#### 決定木（CART）

**決定木**は，予測に役立つ情報が最も効率的に得られるように，特徴量とその境界値を繰り返し定めることによって木の構造をした選択肢群を作成し，木の末端（「葉」という）のそれぞれに予測値をあてはめる手法です．目的変数が量的変数の場合は，それぞれの葉に属する（学習データ内の）観測対象の平均値を予測値とする回帰モデルとなり，できあがった木は**回帰木**とよばれます．目的変数が質的変数の場合は，それぞれの葉に属する観測対象がもつ値を多数決で予測値とする分類モデルとなり，できあがった木は**分類木**とよばれます．具体的なアルゴリズムは1984年にレオ・ブライマンらによって発表（Breiman et al. (1984)）され，分類（classification）にも回帰（regression）にも使えるので，**CART**（Classification and Regression Tree）と名づけられました．

Bostonの学習データに，デフォルトであてはめると次のとおりです．

```
1  library(rpart)
2  tree <- rpart(y ~ ., data = train)
```

作られたモデルは，次のとおりとすれば簡単に可視化（図 7.1）できます．

```
1 par(xpd = NA)
2 plot(tree)
3 text(tree, use.n = TRUE)
4 par(xpd = FALSE)
```

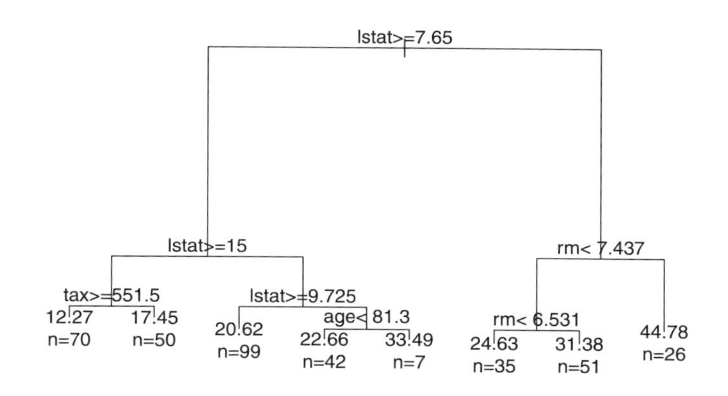


図 7.1

図の枝分かれしているところに書いてあるのは枝分かれの条件であり，条件を満たしていれば左，そうでなければ右に分かれます．この例でいうと，たとえば，枝分かれのたびにすべて条件を満たしていたとすると，一番左の葉に到達し，予測値は 12.27 とされます（そこに n=70 とあるのは，学習データのうち，同じ葉に到達する対象が 70 あるということです）．このように視覚的にわかりやすく，特徴量と予測値との関係も単純であり，解釈も容易です．ただし，（この場合であれば，たった 8 種類の予測値にしか分類されず）「単純すぎる」モデルであり，実際，次のとおり予測誤差も大きいです．

```
1 cat(" RMSE(tree) =",
2     rms(test$y, predict(tree, newdata = test)),
3     "\t RMSE(lm) =",
4     rms(test$y,
5         predict(lm(y ~ ., data = train), newdata = test)))
```

```
RMSE(tree) = 4.21981    RMSE(lm) = 3.686226
```

比較のためにRMSEを記している`lm`は，全特徴量を使った単純な線形回帰モデルです．

予測力を高めるためには，決定木のハイパーパラメータのチューニングをすることが考えられます．ですが，たとえば，決定木の複雑性（complexity）を表し，最も重要なハイパーパラメータといわれる`cp`を，`rpart`パッケージが示唆する方法（同パッケージの`plotcp`関数に対する説明のDetails参照）でチューニングしても次のとおりであり，RMSEはそれほど小さくはなりません．

```
1  set.seed(SEED)
2  maxTree <- rpart(y ~ ., data = train, cp = 0)
3  cps <- maxTree$cptable
4  cpid <- which.min(cps[, 4])
5  cp <- cps[min(which(
6    cps[, 4] < cps[cpid, 4] + cps[cpid, 5]
7  )), 1]
8  bestTree <- rpart(y ~ ., data = train, cp = cp)
9  cat(" RMSE(bestTree) =",
10     rms(test$y, predict(bestTree, newdata = test)))
```

```
RMSE(bestTree) = 3.900582
```

なお，ここに示したチューニング方法の詳しい解説は省略しますが，本コードの1行めで乱数シードを設定しているのは，チューニングの過程で乱数を使ったデータ分割に基づくCVを自動的に実行しているので，その再現性のためです．

#### ランダムフォレスト

**ランダムフォレスト**は，ランダムに木（決定木）を集めて森（forest）にしたものという意味合いのモデルであり，2001年にブライマンによって発表されました（Breiman (2001a)）．決定木のアンサンブルモデル（後述）の1つです．集める木は，学習データの中からランダムに復元抽出で選んだ観測対象の集合をもとに，各分割時には，全特徴量の中からランダムに選んだ一部の特徴量のみを候補として用いて作る決定木です．そうした決定木を多数，並列に作り，集めた決定木の予測値の平均（回帰の場合）や多数決で決めた値（分類の場合）をモデル全体の予測値とします．

ランダムフォレストにおいて多数用意される決定木は，データも特徴量もランダムに選んで作られるため，互いに相関が低い多様なものとなります．（実は）この特性のおかげで，ランダムフォレストの1つひとつの決定木の表現力は随分低いにもかかわらず，ランダムフォレスト（森）全体としては，単独の木よりもずっと高い予測力が期待できます．

多数の木をもとに予測値が計算されるため，特徴量をもとにした予測値の計算は（仮に算式で書くとしたら）きわめて複雑であって，その意味では，ランダムフォレストはブラックボックスです．その限り，最終的に採用するモデルの候補にはなりがたい面があります．

その一方，設定するハイパーパラメータには，木の本数，木の深さ，分割時に選ぶ特徴量の個数などがあるものの，予測力が高いといわれるほかの決定木関連モデルと比べると，チューニングすべき特徴量の数は少なく，比較的取り扱いは簡単です．また，デフォルトのハイパーパラメータのままでもかなりの予測力が発揮される場合があります．そのため，すでに（6.7節で）紹介したように，作ったモデルの特徴量重要度やPDPなどをEDAに利用するには大変重宝です．

ランダムフォレストの実例は，EDAの例の際（6.7節）に紹介しましたし，あとで（8.3節で）ハイパーパラメータのチューニングの例も示しますので，ここでは省略します．

### ブースティング木

ここでいう**ブースティング木**とは，決定木のアンサンブルモデルの一種です．特に，2001年にフリードマンが発表したGBM（勾配ブースティングマシン）(Friedman (2001)）および，その発展形のことを指します．現在の代表的なブースティング木のモデルには，XGBoostやLightGBMなどがあります．

ブースティング木は，多数の決定木を作成し，作った決定木の予測値の平均や多数決で決めた値をモデル全体の予測値とする点ではランダムフォレストと共通しています．ですが，ランダムフォレストが各決定木を独立に並列に作るのと違って，決定木は1つひとつ順番に作っていきます．その際，すでに作った決定木において予測が外れたデータを優先的に正しく予測できるように（典型的には残差が小さくなるように）次の決定木を構築する，ということを繰り返します．この，残差等に狙いを定めて順次決定木を効率的に追加していく部分が**ブースティング**の本質です．ただし，実際のモデルは，それに加えて，過剰適合となりにくくする工夫と，計算を高速に実行する工夫とがさまざまに凝らされており，きわめてハイブリッドなモデルとなっています．その工夫は功を奏し，特に2014年以降，予測精度を競うカグル（Kaggle）を典型とするさまざまなコンペで最強のモデルといえるような実績を誇っています．その「強さ」の情報はWeb上で容易に得られますが，XGBoostについてまとまったものの例としては，たとえば次を参照してください．

https://github.com/dmlc/xgboost/blob/master/demo/README.md#machine-learning-challenge-winning-solutions

これらの「強い」モデルは，学習において設定するハイパーパラメータの数がかなり多く，チューニングは簡単ではなく，実行時間もかかります．そのため，実務で用いるとなると，モデルを構築する技量まで含めた意味での安定性や，計算負荷面で難があります．また，できあがるモデルは，ランダムフォレストと同様の意味でブラックボックスであり，本書で考えている予測モデリングの場合には，最終的に採用するモデルの候補にはなかなかなりがたいと思われます．それでも，目指せる予測精度の参考（ベースライン）として，またその他の洞察を得るために，候補となるべきモデルとともに構築してみることが大いに有益な場合はあるかもしれません．

Bostonデータセットに対してXGBoostを用い，それなりにチューニングすると，たとえば次のようなモデルができます．

```
1  library(xgboost)
2  set.seed(SEED)
3  model <- xgboost(data = as.matrix(train[,-14]),
4                   label = train$y,
5                   nrounds = 3100,
6                   max_depth = 6,
7                   eta = 0.01,
8                   gamma = 0.6,
```

```
9                          colsample_bytree = 0.8,
10                         min_child_weight = 1,
11                         subsample = 0.7,
12                         verbose = 0)
```

ハイパーパラメータがたくさんあることが見てとれると思います．個々のハイパーパラメータの説明は省略します．ただし，最後の verbose = 0 はハイパーパラメータではなく，1 としておくと，詳細（verbose）な情報が出力されます．

こうして作ったモデルの RMSE を求めると次のとおりです．

```
1  cat(" RMSE =",
2      rms(test$y,
3          predict(model, newdata = as.matrix(test[, -14]))))
```

```
RMSE = 2.821172
```

これは，本章の中で実例を示すどのモデルよりも小さい値です．したがって，予測精度を追求する場合には，このモデルは大いに参考になる可能性があります．

### 7.3.2 その他のモデル

本節の以下の部分では，参考のために，名前は有名ながら本書では実例を示さないいくつかのモデルや関連概念を，簡単に紹介しておきます．

#### ニューラルネットワーク

ニューラルネットワークは，生物の脳神経系を模したネットワーク型の数理モデルを指す一般名称であり，それを予測のためのモデルとして実装したものは，非常に高い予測力を示す場合があります．

ニューラルネットワークは，字義をもとに説明すれば，「ニューロン」を模したノード（結節点や端点）からなる「ネットワーク」です．現在ではいろいろな種類のものがありますが，順伝播型ネットワークとよばれる種類のものを特に念頭に置いて述べれば，ノードは，いくつかの層（1 つの入力層といくつかの中間層と 1 つの出力層）に分かれて並んでおり，隣り合う層にあるノードどうしはエッジ（辺）で結ばれています．そして，予測の際は，入力層の各ノードへ入力された値は，各層の各ノードで加工されながら，中間層を順々に通って出力層に至り，予測値として出力されます．

中間層と出力層の各ノードは，基本的には，2値分類問題を解く線形モデルとほぼ等価な機能をもっています．特に，最も古典的な種類のノードであるパーセプトロンでは，情報が入ってくる側のノードから受け取る値を線形結合し，その値が一定の閾値を超えれば1，越えなければ0として出力します（次の層があるなら，その層のノードへその出力値を送ります）．現在のニューラルネットワークの中間層の典型的なノードでは，線形結合まではパーセプトロンと一緒ですが，線形結合された値を0か1に単純に分離するのではなく，活性化関数というもの（その一例はロジスティック関数（9.3節参照））を使って，0と1への分離に近いことを連続関数で実現します．

出力層のノードは，線形結合された値に対して，予測問題の種類に応じた加工を行います．2値分類問題用の予測モデルであれば，たとえば，出力層のノード数は1とし，そのノードを，中間層のノードと同様の機能をもつものとすれば実現できます．多値分類問題用であれば，たとえば，出力層のノード数は分類するクラスの個数とし，それぞれのノードを，出力層におけるノードの出力値の総和が1となるように工夫された一種の活性化関数に基づいて0と1の間の値（これらの値は一種の確率だと解釈されます）を出力するものとすれば実現できます．回帰問題用であれば，たとえば，出力層のノード数は1とし，そのノードを，目的変数のとりうる値に一致する値域をもつ関数の機能をもつものとすれば実現できます．

中間層の各ノードが具体的にどういう分類問題を解いていることになっているかは，基本的には解釈不要です．細部はどうあれ，入力された情報は，全体として，こうした複雑なネットワークを経て，予測のための出力値に最終的に変換されます．

このネットワークは，十分な個数のノードがあれば，各ノードが行う線形結合における係数（「重み」といいます）を調整することによって，（中間層が1つ以上あれば）原理的にはいくらでも複雑な表現力をもつことができることが（1980年代以降）知られています（Cybenko (1989) など）．したがって，学習データを用いて重みをうまく調整することができれば，予測力の高いモデルが作れる可能性があります．そこで，長年研究が進められ，学習過程での予測の成功および失敗をフィードバックして自動的に重みづけの微調整を繰り返すアルゴリズムが開発され，その改良が繰り返され，課題によっては，きわめて予測力の高いモデルが構築できるようになっています．

特に，近年は，深い階層をもつニューラルネットワークに使える巧妙な学習手法が確立されてきました．その結果，音声認識や画像認識をはじめとするさまざまな分野できわめて高い予測精度が得られる事例が多数発表されています．（1.2.1でも述べたとおり）そのような深い階層のニューラルネットワークを用いた学習手法は**ディープラーニング**（深層学習）とよばれ，現在，大きな注目を集めています．

ニューラルネットワークは，こうして予測力の点では，非常に高い評価を得ています．その一方，特徴量と予測値との関係が（たとえば仮に算式で示そうとした場合には）きわめて複雑であり，その意味でブラックボックスです．また，パターン認識に関するいろいろな課題に対してきわめて高い予測力が発揮できることは知られていますが，その他の課題に対してどれほどの予測力があるかについては，いまだに慎重に見守る必要があると思われます．実のところ，ディープラーニングの基本事項の中には「非常にわずかなことしかわかっていない（very poorly understood）」（Choromanska et al. (2015)）ことがらがたくさんあるともいわれます．以上の点から，発達の動向には注目すべきものの，現時点では，本書で考えるような予測モデリングに用いるモデルの候補とはなかなかなりがたいと思われます．

### サポートベクトルマシン

**サポートベクトルマシン**（「サポートベクターマシン」とよぶ場合も多い）は，直接は，2クラス間の分類に使用することができる，広く知られたモデルです．

特徴量によって作られる多次元空間における超平面を境界とし，マージン（分類されるどちらのクラスの対象も属さない余白）を一定の条件のもとで最大限にとって分類するのが基本原理です．ただし，現実には，超平面による分類（線形分離）では表現力が乏しく，そのため，1963 年に発表（Vapnik et al. (1963)）されてから長らくはあまり注目されていませんでした．それが，1992 年になって，カーネル関数を用いて特徴量を非線形な高次元空間に写像することで分類を可能とする技法（一般に**カーネルトリック**とよばれる）が発表（Boser et al. (1992)）され，それが使われるようになってから，このモデルは非常に高い予測精度を発揮するものとしてよく知られるようになりました．超平面によるクラス分離が完璧にはできない場合，多少の誤分類を許す**ソフトマージン**という方法（Cortes et al. (1995)）が併用されることもあります．

サポートベクトルマシンは，原理はしっかりと筋が通っていると考えられるため，その点では利用しやすいかもしれません．また，パターン認識に関するいろいろな課題に対して高い予測力が発揮できることも知られています．ですが，だからといって，その他の課題に対する予測力が保証されるわけではありませんし，決定木関連の手法やニューラルネットワークの手法と比べて，少なくとも広く一般に知られる形では，近年，際立った発展をしたというニュースも聞かれません．そして，特徴量と予測値との関係が（たとえば仮に算式で示そうとした場合には）きわめて複雑であり，その意味ではブラックボックスです．以上の点から，少なくとも現時点では，本書で考えるような予測モデリングに用いるモデルの候補とはなかなかなりがたいと思われます．

### アンサンブルモデル

**アンサンブルモデル**は，何か特定のモデルを指す名称ではありません．複数の予測モデルを組み合わせて用いることにより予測精度を向上させる一群の技法が「アンサンブル」として括られており，それらの技法を用いたモデルの総称がアンサンブルモデルです．上で紹介したブースティング木に属する諸モデルやランダムフォレストは，いずれも決定木モデルをアンサンブルして作られる「アンサンブルモデル」の一種です．

組み合わせる各予測モデルの予測精度がそれほど高くない場合も，うまくアンサンブルすることで優秀な予測モデルを構築することが可能な場合があります．アンサンブルモデルには，同種の予測モデルを組み合わせる**同種アンサンブルモデル**と，異種の予測モデルを組み合わせる**異種アンサンブルモデル**があります．

同種アンサンブルモデルを作るには，バギングやブースティングといった技法があります．ランダムフォレストはバギングを用いており，ブースティング木は，名前のとおりブースティングを用いています．

異種アンサンブルモデルを作るには，ブレンディングやスタッキングといった技法があります．これらの技法は，特定の名前のつくようなモデルを作るものではなく，予測モデリングの最終段階で予測精度をさらに向上させるために，これまで紹介してきたモデルなどを複数用意してうまく組み合わせるのに使うものです．異種アンサンブルを行うと，モデルはますます複雑になるため，本書で考えている予測モデリングで典型的に採用するモデルとはなりえず，本書でも例示は行いません．

## 7.4 ●●● GLMと説明変数選択

GLM（一般化線形モデル）は，説明力の高さ，とりわけ単純性の点で非常にすぐれています．そのため，モデリングの目的に適った予測精度がGLMで達成できているなら，GLMを最終的に採用することは，十分に合理的であったり，事実上最適であったりする場面は多いと思われます．GLMがどういうモデルであるかの紹介は1.4節で行いましたので，その内容は繰り返しません．本節では，GLMの実行例を紹介し，あわせて，GLMのモデルを構築する際の説明変数の選択方法について説明します．

GLMを`Boston`の`train`データにあてはめてみます．本来ならEDAを参考にしながら特徴量加工をすべきですが，ここでは単純に特徴量はそのままとし，分布はガンマ分布，リンク関数は対数関数とします．

```
1  model <- glm(y ~ ., family = Gamma(log), data = train)
```

このモデルを test データにあてはめたときの予測結果は次のとおりです(図 7.2)．

```
1  pred <- predict(model, newdata = test, type = "response")
2  plot(test$y, pred, main = model$call)
3  curve(identity, add = TRUE)
4  cat(" RMSE =", rms(test$y, pred))
```

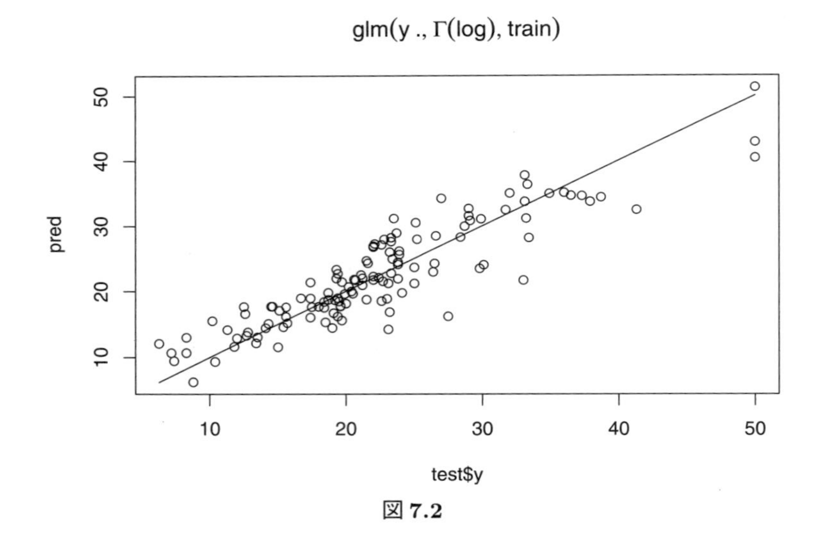


図 **7.2**

```
RMSE = 3.630781
```

単純性ですぐれている GLM の説明変数に複雑な項を入れるとせっかくの単純性が失われるものの，説明の便宜のため，また，実はこのモデルは，過剰適合というよりは適合不足の面が強いということもあるため，特徴量を 2 つずつ掛け合わせてできる積の項すべてを，交互作用項としてモデルに追加してみます．その指定は簡単で，次のとおりです．

```
1  glm_model <- model <-
2    glm(y ~ (.) ^ 2, family = Gamma(log), data = train)
3  cat(" Number of coefficients =", length(coef(glm_model)))
```

```
Number of coefficients = 92
```

このコードでは length(coef(model)) で回帰係数（coefficient）の個数（length）を数えていますが，y ~ (.) ^ 2 という表現だけで，切片項1個と，各特徴量単独の項13個と，特徴量2つずつ掛け合わせてできるすべての交互作用項（R では，たとえば crim と zn の交互作用項なら crim:zn と表記される）$\frac{13 \times 12}{2} = 78$ 個との合計92個の項がこのモデルには含まれています．

このモデルの予測結果は次のとおりです（図 7.3）．

```
1  pred <- predict(model,
2                  newdata = test,
3                  type = "response")
4  plot(test$y, pred, main = model$call)
5  curve(identity, add = TRUE)
6  cat("\n RMSE =", rms(test$y, pred))
```

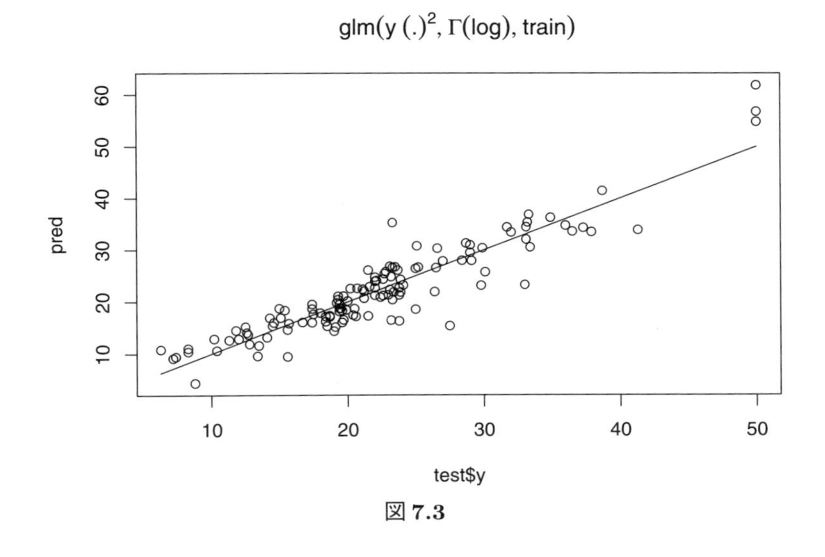


図 **7.3**

```
RMSE = 3.443333
```

さて，この92個の候補の中から説明変数選択をしてみましょう．説明変数選択では，EDA の繰り返しと領域知識とを駆使することが大事ですが，説明変数が多くなってくると，その方法ですべてを行うことは実際的ではありません．何らかの自動化を使用，ないし併用する必要があります．この点で，GLM には難があります．

GLM に対しても，機械的に説明変数選択を行う方法がないわけではありません．たとえば，候補となる説明変数の全部または一部を使って作ることのできるあらゆるモデルの中で，何らかの指標の値（最も代表的なのは AIC）が最適（AIC の場合なら最小）となるものを選ぶという方法があります．本書では実例を紹介しませんが，R でも，たとえば MuMIn パッケージの dredge 関数を使うとそれが実行できます．しかし，この方法は，候補となる説明変数を $p$ 個とすると，比較するモデルの個数は $2^p$ であって，$p$ が大きくなると場合の数が爆発的に大きくなるため，$p$ がたとえば 40 近くになると，もはや計算量が大きすぎて現実的ではなくなります．

そこで，代替手段として，ステップワイズ法を使う場合があります．ステップワイズ法とは，最適化の分野でいう「山登り法」の一種であり，各段階では，説明変数の候補を 1 つだけ変化させる選択肢の中で，指標値が最も改善する道を選んでいきます．代表的なのは，前進（forward）型と後退（backward）型です．前進型では空集合からはじめて，各段階では候補を 1 つずつ増やしていき，何を増やしても指標値が改善しなくなったところで終了します．後退型では候補の説明変数すべての集合からはじめて，各段階では候補を 1 つずつ減らしていき，何を減らしても指標値が改善しなくなったところで終了します．各段階では増やす方向にも減らす方向にも進むことができるという両方向型もあります．

R の step 関数を，次のように最も簡潔な形で使った場合には後退型になります．実行には時間を要する場合があるのでご注意ください．

```
1  step_model <- step(glm_model , trace = 0)
2  pred <- predict(step_model ,
3                  newdata = test ,
4                  type = "response")
5  cat(" RMSE =", rms(test$y , pred))
```

```
RMSE = 3.368985
```

計算量についていえば，前進型や後退型で考えれば，$p$が大きくなったときにアルゴリズムが終了するまでに試すモデルの個数は，ほぼ$p^2$に比例して増えていくことになるので，すべての組み合わせを探索する上記の方法と比べれば，ずっと現実的です．しかしながら，$p$が大きくなると，やはり計算負担は大きいと言わざるをえません．

また，ステップワイズ法は，いずれの型の場合も，局所最適解に陥る可能性が否定できません（このBostonの例でも，前進型を試してみると，後退型よりもAICが大きいところで終了するので，この事例では，少なくとも前進型が局所最適解に陥っていることはたしかです）．さらにいえば，説明変数の候補が多く，説明変数どうしに強い相関がある可能性があるときには，AICなどの指標値で選択を行うことが理論的に見て妥当なのかも（実は）怪しくなってきます．

総じていえば，説明変数の候補が多くなったときには，説明変数をすべて採用しても問題がないという場合でもない限り，GLMのモデル構築はなかなか困難になると考えられます．

## 7.5 ●●● 正則化 GLM

前節で，説明変数の候補が多くなったときにはGLMのモデル構築には難があると述べました．この問題を解決するモデルとして，GLMを正則化した**正則化GLM**が考えられます．正則化とは何かは，このあとで説明しますが，具体的な正則化としては，ラッソやリッジやエラスティックネットをここでは紹介します．

正則化を施した回帰モデル（以下，「**正則化回帰**」）は，**罰則付回帰**ともよばれ，それ自体はさほど新しいものではありません．しかしながら，正則化回帰が，候補となる説明変数の個数が非常に多いデータ（典型的にはビッグデータ）に対して非常に有効だということは，実は，近年になって知られるようになったことです．

リッジ回帰は1970年頃に統計学の世界に導入されました（Hoerl et al.

(1970)). ラッソ回帰の初出はロバート・ティブシラニ（1956–）が書いた1996年の論文（Tibshirani (1996)）です．この1996年のころも，まだビッグデータの時代ではなく，実のところ，当初はこのモデルはさほど注目されなかった，とティブシラニはのちに回想しています（Tibshirani (2011)）．とはいえ，現在の学習者からすれば，正則化回帰は，「説明変数の候補が多い場合の難点を解決することをこそ目的とするもの」と理解したほうがわかりやすいと思います．

以下，説明変数の候補の個数を $p$ とします．説明変数の候補をすべて採用した線形モデルやGLMの回帰式を求めるには，（切片項があることに注意すると）原理的には，$p+1$ 個の未知数をもつ $p+1$ 個の方程式からなる連立方程式を解くことになります．ところが，形式上は方程式が $p+1$ 個あっても，実質的な個数は $p+1$ 未満であって連立方程式が解けない，ということがあります．

特に，$p$ が大きい状況では，多重共線性とよばれる現象が生じるなど，予測に役立つ情報として説明変数の各候補がもっている内容が実質的に重複してしまうことがあります．そうした事態が生じている状態では，方程式の実質的な個数が $p+1$ 未満になってしまいます．一般に，方程式の実質的な個数が足らないためにうまく解けない問題を**不良設定問題**といいます．説明変数の個数が多い回帰問題は，この不良設定問題に陥りやすいのです．なお，$p$ が標本サイズ $n$ 以上の場合には，必ず不良設定問題になります．

不良設定問題を計算機に解かせると，多くの場合，何らかの警告なりエラーなりが出ます．しかし，本来は解けないはずなのに，計算機における数値の端数処理の関係で「解けて」しまい，もっともらしい答えを出力する場合もあります．たとえば，

$$\begin{cases} \dfrac{10}{7}x + \dfrac{20}{7}y = \dfrac{30}{7} \\ \dfrac{40}{7}x + \dfrac{80}{7}y = \dfrac{120}{7} \end{cases}$$

という連立方程式は，同値な式を2つ並べたものなので不良設定問題です．しかし，端数の関係で，計算機が解くのは，たとえば次の問題になるかもしれません．

$$\begin{cases} 1.42857x + 2.85714y = 4.28571 \\ 5.71429x + 11.4286y = 17.1429 \end{cases}$$

同じことですが，行列で書けば，次のとおりです．

$$\begin{pmatrix} 1.42857 & 2.85714 \\ 5.71429 & 11.4286 \end{pmatrix} \begin{pmatrix} x \\ y \end{pmatrix} = \begin{pmatrix} 4.28571 \\ 17.1429 \end{pmatrix}$$

これを，R を使って解く（solve）と次のとおり答えが求まります．

```
1  A <- matrix(c(1.42857, 5.71429, 2.85714, 11.4286),
2              nrow = 2)
3  b <- c(4.28571, 17.1429)
4  ans <- solve(A, b)
5  cat(" x =", ans[1], "\t y =", ans[2])
```

```
 x = -8.881769e-11       y = 1.5
```

あるいは，計算機が解くのは，端数を 1 つずつ増やしただけの

$$\begin{cases} 1.428571x + 2.857143y = 4.285714 \\ 5.714286x + 11.42857y = 17.14286 \end{cases}$$

という問題になるかもしれません．これも次のとおり答えが求まります．

```
1  A <- matrix(c(1.428571, 5.714286, 2.857143, 11.42857),
2              nrow = 2)
3  b <- c(4.285714, 17.14286)
4  ans <- solve(A, b)
5  cat(" x =", ans[1], "\t y =", ans[2])
```

```
 x = 2.333333    y = 0.3333335
```

本来は不良設定問題にもかかわらず，どちらの数値計算でも答えが出てしまいましたが，その値がまったく違うものになっていることにご注意ください．答えに安定性がないということです．

こうした事態を防ぐために，不良設定問題を，安定した解の出る問題に変形することを**正則化**といいます．それは，連立 1 次方程式の場合でいえば，係数に対応する行列を，特異行列（に近い行列）から正則行列に変形することによってなされます．最も代表的なのはチホノフ正則化（Tikhonov(1943)）であり，回帰の手法としてはリッジに対応します．

予測の問題においては，不良設定問題に正則化を施すと答えが安定し，その副次的な効果として，予測精度が向上することが知られています．そのため，現代の予測モデリングの分野では，正則化は，予測精度を向上させることこそを狙いにして，一種の技法として用いられています．回帰問題における正則化の代表的手法は，罰則項を設けるものであり，そうした正則化回帰自体は，遅くとも1970年頃から知られていたということは本節のはじめのほうですでに述べたとおりです．

以下しばらくは，GLMにおける線形表現を $\beta_0+\mathbf{x}^T\beta$ と表したときの記号 $\beta_0,\beta$ を用いて，GLMにおける対数尤度を $\ell(\beta_0,\beta)$ と書くことにします．

すると，GLMに**リッジ正則化**を施すことは，最尤法に基づいて，$-\ell(\beta_0,\beta)$ の最小化問題を解く代わりに，

$$-\ell(\beta_0,\beta)+\frac{1}{2}\lambda\|\beta\|_2^2$$

の最小化問題を解くこととして定式化できます．この式の第2項がリッジ正則化回帰における罰則項です．$\|\beta\|_2$ は $L_2$ **ノルム**とよばれるもので，

$$\|\beta\|_2^2=\beta_1^2+\cdots+\beta_p^2$$

と計算されます．$\lambda$ はこのモデルにおけるハイパーパラメータであり，モデルを構築する人が指定するなり，何らかの方法でチューニングするなりする必要があります．その前についている $\frac{1}{2}$ は習慣に基づくものであり本質的ではありません（実際，文脈によってはつけない場合もありますが，本書では，代表的なパッケージである`glmnet`の定式化に準じました．なお，`glmnet`で最小化する関数は，上記の関数と本質的には同じであるものの，表面上の違いはありますので，詳しくは`glmnet`関数の説明のDetailsを参照してください）．

GLMに**ラッソ正則化**を施すことは，

$$-\ell(\beta_0,\beta)+\lambda\|\beta\|_1$$

の最小化問題を解くこととして定式化できます．この式の第2項がラッソ正則化回帰における罰則項です．$\|\beta\|_1$ は $L_1$ **ノルム**とよばれ，

$$\|\beta\|_1=|\beta_1|+\cdots+|\beta_p|$$

と計算されます．$\lambda$の意味合いはリッジの場合とまったく同様です．

ラッソは，$\beta$の成分の多くが厳密に0となり，正則化とともに説明変数選択も同時に行えるという特性があります．この特性から，ラッソはいわゆるスパースモデリングのための重要手法として深く研究され，その有用性がさまざまな見地から確かめられています．また，その漸近的性質なども，ほかの正則化回帰よりも広く深く研究されています（たとえば川野ほか(2010) 参照）．

翻ってリッジについて述べると，リッジには説明変数選択の機能はありません．そのため，出来上がるモデルの単純さの点では，ラッソに分があります．ただし，相関の高い説明変数の組がある場合に，ラッソでは1つひとつが採否いずれかに極端に分かれるのに対し，リッジではそれらの回帰係数を同時に小さくするため，ハイパーパラメータの違いに対して結果が安定しやすいという面があります．

いかにも折衷的ながら，このラッソとリッジの両者の利点をもつように考えられたのがエラスティックネットです（Zou et al. (2005)）．説明変数選択の機能はもちつつ，ハイパーパラメータの違いに対してはラッソよりも結果が安定しやすい，と期待されます．具体的には，

$$-\ell(\beta_0,\beta)+\lambda\left\{\alpha\|\beta\|_1+\frac{1-\alpha}{2}\|\beta\|_2^2\right\}$$

の最小化問題を解くこととして定式化できます．この場合には，ハイパーパラメータとして，$\lambda$以外に$\alpha$も加わっています．$\alpha$は0以上1以下で定義され，0の場合はリッジ，1の場合はラッソとなります．

`Boston`データセットに対して，正則化回帰を実行してみましょう．前節で見たガンマ分布の場合のGLMに対して正則化を施すには，`h2o`パッケージの`h2o.glm`関数（名前は「glm」ですが，実際は正則化GLMの関数）を使う方法があります．しかしながら，慣れていない人がこの関数を使用するのはいくつかの点でハードルが高いので，ここではその方法は紹介せず，`glmnetUtils`パッケージの`glmnet`関数を使うことにします．`glmnet`関数はガンマ分布には対応していないので，ここでは線形回帰に正則化を施すことにします．

正則化回帰にはハイパーパラメータがあるので，ここでは，パッケージに用意されているクロスバリデーション（以下，「CV」）用の関数 cv.glmnet を用いてチューニングします．正則化回帰では（GLM と違って）説明変数の候補がたくさんあっても大丈夫ですから，交互作用項も最初から入れておきましょう．

まず，リッジを実行します．ただし，あとで $\alpha$ だけ変えてラッソを実行するので，ここでは，Boston データ専用の実行関数 bostonGlmnet を自分で作ってしまい，bostonGlmnet(alpha = 0) として実行することとします．

```
1  library(glmnetUtils)
2  lambdas <- 0.1 ^ seq(1, 3, length.out = 100)
3  bostonGlmnet <- function(alpha) {
4    set.seed(SEED)
5    cv.result <- model <- cv.glmnet(
6      y ~ (crim + zn + indus + chas + nox + rm + age + dis +
7             rad + tax + ptratio + black + lstat) ^ 2,
8      data = train,
9      #nfolds = nrow(train),
10     alpha = alpha,
11     lambda = lambdas
12     )
13   cat(" lambda.min =", lambda.min <- cv.result$lambda.min)
14   #data.frame(lambda = cv.result$lambda, cvm = cv.result$cvm)
15   pred <- predict(cv.result, newdata = test, s = lambda.min)
16   plot(test$y, pred,
17        main = paste0("glmnet(alpha = ", alpha, ")"))
18   curve(identity, add = TRUE)
19   cat("\n RMSE =", rms(test$y, pred))
20   return(cv.result)
21 }
22 cv.result <- bostonGlmnet(alpha = 0)
23 #coef(cv.result, s = cv.result$lambda.min)
```

```
lambda.min = 0.00231013
RMSE = 3.106091
```

glmnet 関数や cv.glmnet 関数では alpha = 0 とするとリッジとなります．このコードでは cv.glmnet 関数の引数で，$\lambda$ の候補の範囲 lambdas（最大 0.1 から最小 0.001 まで）を指定しています．未指定でも同関数は適当な範囲で最良の $\lambda$ を探してくれますが，自分で指定することを推奨します．実行後，選ばれた $\lambda$ の値を確認し，もし指定した範囲の端の値が選ばれていたら，範囲を広げてやり直します．

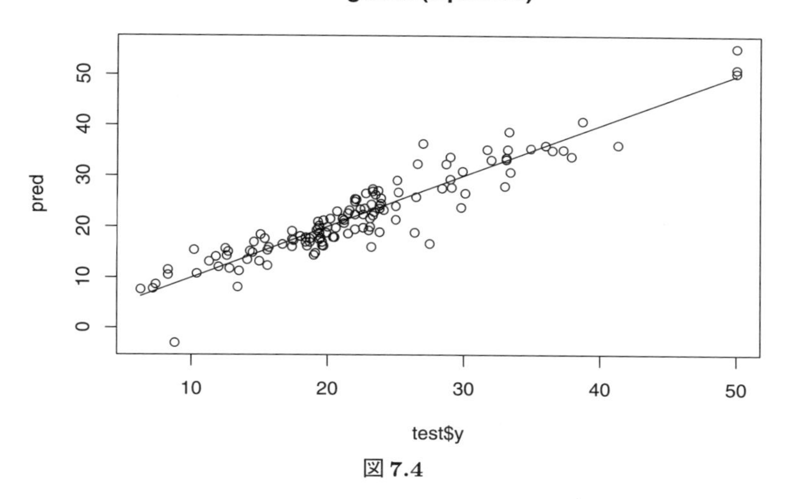


図 7.4

同関数の作るオブジェクトのもつ属性 lambda.min には，$k$ 分割 CV（デフォルトでは $k =$ nfolds $= 10$）から得られる $k$ 個の逸脱度（ここでは線形回帰なので平均 2 乗誤差）の平均値 cvm が最小だった $\lambda$ の値が格納されています．上のコードではそれを「最良」のハイパーパラメータとしてとり出して lambda.min としています．そして predict 関数に，CV の結果のオブジェクト cv.result を入力し，lambda.min の値を $\lambda$ の値として s =で指定することで，test データにモデルをあてはめたときの値（コード中では pred）を求めています．その結果を用いて，図 7.4 も描いて（plot）います．

標本サイズが小さいこともあり，たまたま乱数で選んだ train と test の組の一例だけで単純に比較することには慎重になるべきであるものの，少なくとも，この場合の RMSE で見る限り，GLM よりも予測誤差はだいぶ小さくなっています．

リッジで alpha = 0 としたところを alpha = 1 とするとラッソとなります．そのため，ラッソの実行は，次の 1 行で済みます（これで，図 7.5 も出力されます）．

```
1  cv.result <- bostonGlmnet(alpha = 1)
2  #coef(cv.result, s = cv.result$lambda.min)
```

```
lambda.min = 0.002205131
RMSE = 2.996678
```

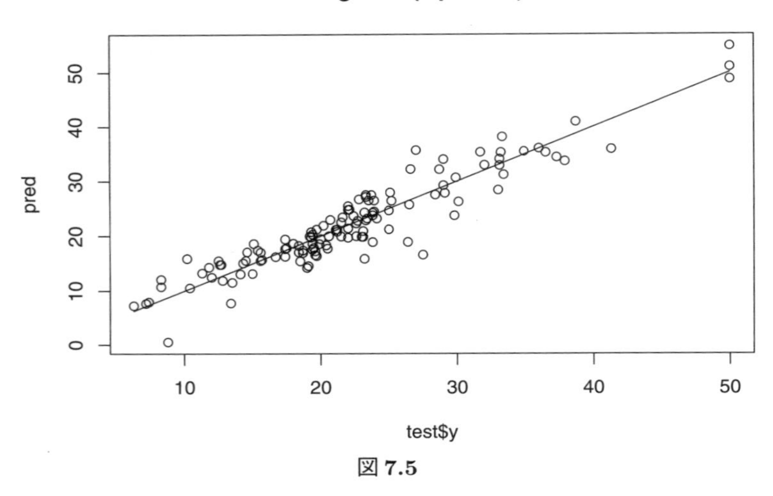


図 7.5

コードの2行めの位置の冒頭にあるコメントアウト記号#を外して coef(cv.result, s = cv.result$lambda.min) を実行すると，回帰係数が出力されますので，いくつかの係数が厳密に0となっている（値の欄に「.」とのみ記載されている）ことを確認してみてください（92個の回帰係数のうち16個が0になっているはずです）．RMSEの結果がリッジより若干よくなっていますが，この結果は，CVを行うための乱数のシードを変えるだけで左右されるので，この数値だけでは，このデータに対するラッソとリッジの予測力の優劣については何ともいえません．

### 練習問題

上で用いた cv.glmnet 関数によるCVの分割数 nfolds は10がデフォルトである．結果が乱数シードに依存しないように，CVの分割数を最大（つまりLOOCV）とした場合，上のリッジとラッソのそれぞれのRMSEはいくらとなるか．

答え

自分で作ったbostonGlmnet関数の定義内にあるcv.glmnet関数に，nfolds = nrow(train)という指定を加えます（コード中の該当する箇所のコメントアウト記号#を外せば済みます）．そのうえで，bostonGlmnet(alpha = 0)とbostonGlmnet(alpha = 1)を改めて実行すれば，LOOCVの場合のそれぞれのRMSEは得られます．答えは，リッジは3.090016で，ラッソは3.020949です．

エラスティックネットの場合は，$\lambda$だけでなく$\alpha$も決める必要があります．$\alpha$を0.5というようなわかりやすい値に固定しておいて，ほかのモデルと比較する，というのは1つの合理的な方法と思われます．しかしここでは，簡単なコードを書いて，$\alpha$をチューニングしてみましょう（CVのために用意されたglmnetUtils::cva.glmnet関数を利用する方法もありますが，それによってコードが特に簡単になるわけでもないので，ここでは使用しません）．

例として，$\alpha$を，0から0.1刻みで1までの11個の値の中から選ぶこととします．そして，それぞれの値でcv.glmnetを実行したときに求められるcvm（バリデーションデータにあてはめたときの逸脱度の平均）の最小値どうしを比べ，それが最小のときの$\alpha$（とそのときの$\lambda$）を「最良」のハイパーパラメータとして選ぶことにします．その方法の一例は次のとおりです．

```
1  df <- data.frame()
2  for(alpha in seq(0, 1, by = 0.1)) {
3    set.seed(SEED)
4    cv.result <- cv.glmnet(
5      y ~ (crim + zn + indus + chas + nox + rm + age +
6             dis + rad + tax + ptratio + black + lstat) ^ 2,
7      data = train,
8      #nfolds = nrow(train),
9      alpha = alpha,
10     lambda = lambdas
11     )
12   df <- rbind(df,
13               data.frame(
14                 alpha = alpha,
15                 lambda.min = cv.result$lambda.min,
16                 cvm.min = min(cv.result$cvm)
17                 ))
```

```
18  }
19  df
```

```
   alpha  lambda.min   cvm.min
1    0.0 0.002310130 13.53332
2    0.1 0.001917910 13.57361
3    0.2 0.001830738 13.61788
4    0.3 0.002535364 13.57782
5    0.4 0.001917910 13.56635
6    0.5 0.001830738 13.63601
7    0.6 0.001450829 13.61458
8    0.7 0.001450829 13.59920
9    0.8 0.001917910 13.61056
10   0.9 0.002009233 13.57653
11   1.0 0.002205131 13.51423
```

```
1  cat(" alpha.min =",
2      alpha.min <- df[which.min(df$cvm.min), "alpha"],
3      "\t lambda.min =",
4      lambda.min <- df[which.min(df$cvm.min), "lambda.min"])
```

```
 alpha.min = 1    lambda.min = 0.002205131
```

上記のコードには，本書初出の関数が2つあります．1つはrbindです．これは（列数が同じ）行列どうしやデータフレームどうしを行（row）の方向に結合（bind）して行列やデータフレームを作る関数です．同様のものに，列（column）の方向に結合するcbindもあります．もう1つはdata.frameです．これはデータフレームを作る関数で，上の例の用法では，列名を=の左辺で指定して，その列に右辺の値を格納してデータフレームを作っています．

上の計算結果では，結局のところ，alpha = 1が選ばれました．つまり，ラッソが選ばれました．ですが，それぞれの$\alpha$に対するCVの結果をまとめた表dfを見るとわかるとおり，$\alpha$による差はほとんどありません．また，実際にほかの乱数シードで実行すると，選ばれる$\alpha$の値も大きく変わってきます．要するに，このデータの場合は，$\alpha$のチューニングは予測精度の向上にあまり寄与しないようです．ちなみに，LOOCV（最大の分割数でのCV）を実行すると，$\alpha = 0.3$が選ばれます．興味のある読者は確かめてみてください．

## 7.6 ●●● 一般化加法モデル

GLM（や正則化 GLM）は，「線形」という単純な表現に制限されているため，その中で最も単純な線形モデルよりはだいぶ拡張されているとはいえ，表現力が乏しく，その点で適合不足の問題が生じえます．とりわけ，各特徴量に対して目的変数が非線形な関係にあるときには，適合させるのが難しい面があります．その点を改良するモデルとして，**一般化加法モデル**（Generalized Additive Model. 以下，「GAM」）が考えられます．

GAM の仕組みを説明する前に，まずは実例を見てみましょう．ここでは mgcv パッケージの gam 関数を使います．Boston データセットを使って GAM を実行するコードの例は次のとおりです（出力される図は，図 7.6，図 7.7）．

```
1  library(mgcv)
2  model <- gam(
3    y ~ s(crim) + s(zn) + s(indus) + chas + s(nox) +
4      s(rm) + s(age) + s(dis) + rad + s(tax) + s(ptratio) +
5      s(black) + s(lstat),
6    data = train,
7    family = Gamma(log)
8  )
9  plot(model, residuals = TRUE, se = FALSE, pages = 2)
10 pred <- predict(model, newdata = test, type = "response")
11 plot(test$y, pred, main = "GAM")
12 curve(identity, add = TRUE)
13 cat(" RMSE =", rms(test$y, pred))
```

```
RMSE =2.926765
```

GAM は，GLM と同様の分布とリンク関数を用いることができます．この例では，分布はガンマ分布で，リンク関数は対数関数としています．

GLM のときに線形表現を与えていたところに，この例では，

y ~ s(crim)+s(zn)+s(indus)+chas+s(nox)+s(rm)+s(age)+s(dis)

+rad+s(tax)+s(ptratio)+s(black)+s(lstat)

と入力しています．ここにたくさん現れている s(...) は**平滑項**（smooth term）を表しており，s は，括弧内の変数を引数とする平滑化関数を表しています．適宜，添え字に変数名を用いて，この表現の意味を数式に書き直す

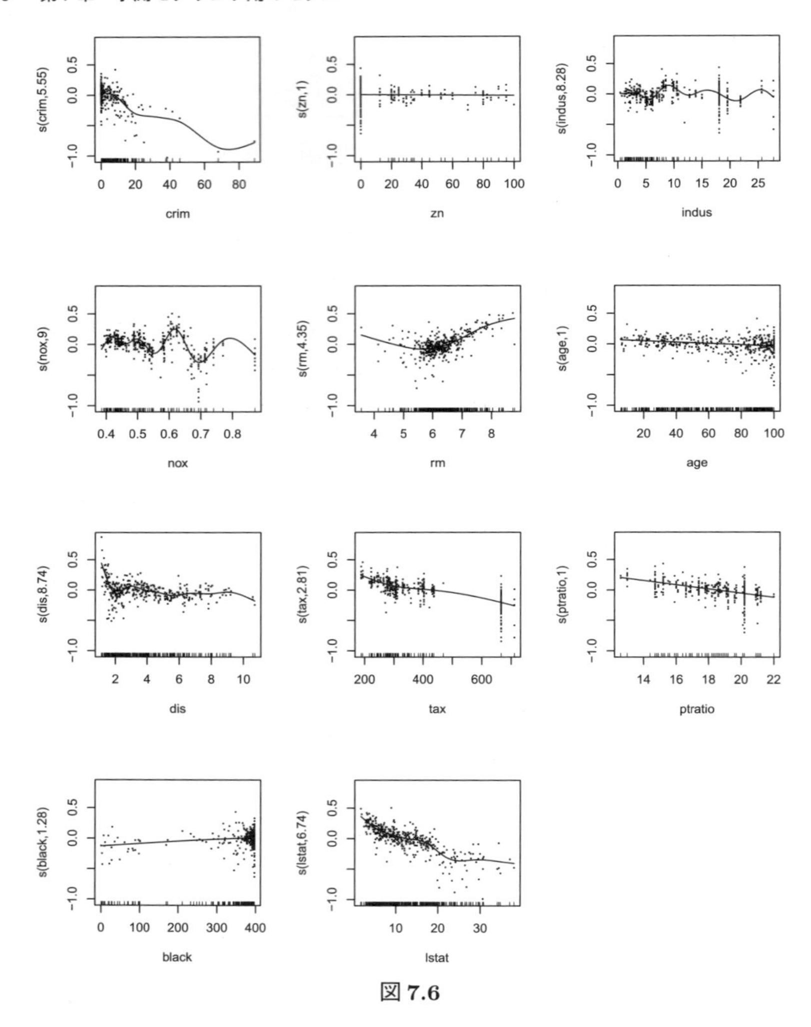


**図 7.6**

と次のとおりです．

$$
\begin{aligned}
g(\hat{y}) = \beta_0 &+ f_{\mathtt{crim}}(x_{\mathtt{crim}}) + f_{\mathtt{zn}}(x_{\mathtt{zn}}) + f_{\mathtt{indus}}(x_{\mathtt{indus}}) + \beta_{\mathtt{chas}} x_{\mathtt{chas}} \\
&+ f_{\mathtt{nox}}(x_{\mathtt{nox}}) + f_{\mathtt{rm}}(x_{\mathtt{rm}}) + f_{\mathtt{age}}(x_{\mathtt{age}}) + f_{\mathtt{dis}}(x_{\mathtt{dis}}) + \beta_{\mathtt{rad}} x_{\mathtt{rad}} \\
&+ f_{\mathtt{tax}}(x_{\mathtt{tax}}) + f_{\mathtt{ptratio}}(x_{\mathtt{ptratio}}) + f_{\mathtt{black}}(x_{\mathtt{black}}) + f_{\mathtt{lstat}}(x_{\mathtt{lstat}})
\end{aligned}
$$

これは，2章で説明した「加法モデル」の形です．$g$ はリンク関数で，本モデルの場合は log です．

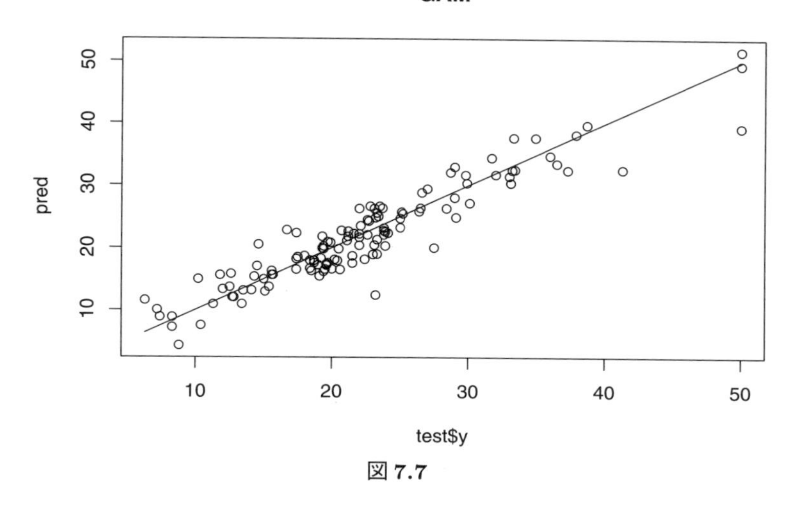


図 7.7

変数のうち $x_{\mathrm{chas}}$ と $x_{\mathrm{rad}}$ のところだけは平滑化関数が現れませんが，それは，この2つはとりうる値が少ない（特に $x_{\mathrm{chas}}$ は2値の質的変数）ので，平滑化するには及ばない（実のところ，平滑化しようとしてもエラーが出る）ためです．平滑項でないこうした項を**線形項**とよび，平滑項を**非線形項**とよぶとすれば，GAMとは「GLMを拡張して，線形表現の代わりに，線形項と平滑化による非線形項との和の式もとれるようにしたものである」と説明することできます．

GAMを実行すると，各線形項（および切片項）に対しては，GLMと同様に回帰係数が決定されます．各非線形項に対しては（回帰係数というパラメータを決めるのでないという意味で）ノンパラメトリックな推定が行われ，図7.6のグラフ中で実線で示されるような平滑化関数が求められます．

同グラフの中に多数打たれている点は，**部分残差**とよばれるものを示すためのものです．1つひとつの点は `train` データの各観測対象に対応しており，その $x$ 座標の値は，対応する観測対象の（当のグラフで主題としている）説明変数の値であり，$y$ 座標の値は，実線で示される平滑化関数の値に，その観測対象の残差を加えた値となっています．

実際のGAM用の関数には，さまざまな種類の平滑化法が用意され，また，そのノンパラメトリック推定にはさまざまな最適化と自動化が施されています．いまの例で用いている`mgcv::gam`の場合は，さまざまな平滑化法が選べる（上のようにデフォルトで使用する場合は薄板スプライン法となる）とともに，一般化クロスバリデーション（Generalized Cross Validation. LOOCVの一種の近似になっていると解釈できるもの．以下，「GCV」）によって，各平滑化関数がほどよく滑らかになるように自動的に調整してくれます．そのGCVにより，表現力（テクニカルにいえば「自由度」）を高めたほうが予測力に貢献しやすい変数の表現力は高くなるように自動的に設定され，そうでないものの表現力は低くなるように自動的に設定されます．その結果，変数によっては，平滑化曲線は，（上図にもいくつか例があるように）単なる直線（その場合の自由度は1）となります．

こうしてGAMは全体として高い表現力と高い予測力をバランスよく兼ね備えているとともに，その名のとおり加法モデルであるので，それなりに単純でもあります．ただし，モデルが決定する平滑化関数は，図では捉えやすいものの，式で表そうとすると必ずしも簡単ではありません．それに，平滑化する方法や，自動的にさまざまなことを調整する方法の選択肢が多いため，選択幅が広いこと自体は悪いことではないはずであるものの，何を選ぶべきかについての「標準」がないことは，現実の実務では不便に感じられる場合もあるかもしれません．

また，GAMは，平滑化の対象とならない特徴量がたくさんある場合，そのうちのどれを選択するかについて，GLMと同様の困難さがあります．このことは，`Boston`データセットのように，説明変数をあまり減らす必要がない（前節でラッソを実行したとき，92個の説明変数候補のうち除外されたのは16個のみでした）場合には，あまり問題になりません．その一方，リスクを扱うための予測モデリングが対象とするデータでは，不確定度合いが高いので，過剰適合を防いだり説明力（特に単純性）をより高めたりするために説明変数を大幅に削減しないといけない，ということが起こりやすいので，この点での困難さは大きな問題になりえます．

以上で述べたGAMの欠点を考えると，もし，「正則化の方法さえ決めれば，それに基づいて非線形化も説明変数選択も同時に行ってくれる」という手法があれば，大変便利だと思われます．本書では，そうした手法の例としてAGLMというものを，もっと不確定の度合いが高いデータに適用する形で補章で紹介します．

# 第8章 モデルの選択・評価の実例

本章では，候補として作成した複数のモデルを，クロスバリデーション（以下，「CV」）を用いて選択したり評価したりする実例を紹介します．3.8節で紹介した呼び名でいえば，「2重のCV」の実例です．それを，CVによってハイパーパラメータをチューニングする必要がない（その限り，実際には「2重」になっていない）場合と，チューニングする必要がある（それゆえ実際に「2重」のCVである）場合とに分けて実例を示します．

## 8.1 ●●● 準備

本章で示す実例をRで実行する場合，データとしては，前章に引き続き，Bostonデータセットから作ったxyデータフレームを使いますので，それがR環境に残っていない場合は，次のコードを先に実行してください．

```
1  SEED <- 2018
2  library(MASS)
3  xy <- Boston; colnames(xy)[ncol(xy)] <- "y"; n <- nrow(xy)
```

以下では，説明上の目的でモデルを簡単に実行するために，次のようにしてxyデータセットから半分を抽出したhalfというものを使いますので，これも実行しておいてください．

```
1 set.seed(SEED)
2 half <- xy[sample(n, round(n / 2)), ]
3 #str(half)
```

以下で示す実例での CV の分割数は 10 とします．実際の場面では，分割数は，そのときの目的や計算コストに対する効果との兼ね合いで判断することになります．予測精度のことだけを考えれば，原理的には，分割数が最大となる LOOCV が理想です．LOOCV は古くから研究されていて（たとえば Stone (1974), Stone (1977)），漸近的性質などがよく知られているところも利点です．しかしながら，標本サイズが大きいと計算量が現実的ではなくなります．その点で実際的な方法の 1 つは，分割数は 5 や 10 というように小さくし，乱数を使って分割することとして，そうした CV を何回も（たとえば 50 回とか 100 回とか）繰り返す，というものです．本章の後半で見る狭義の「2 重の CV」などでは，1 回実施するだけでも計算量が非常に大きくなる場合がありますので，必ずしも繰り返すのにふさわしいとはいえませんが，以下では，原則として CV は繰り返されうるものと考え，分割は乱数を使って行うこととします．

ここでは，データそのものを 10 分割する準備として，まずは，1 から標本サイズ nrow(xy) までの整数を 10 個のグループに分けておきます．次のコードでは，整数をランダムに抽出（sample）して並べ替えてから，1 つひとつを nfolds = 10 個のグループに順々に割り当てて分け（split），10 個の整数列のリスト cv.no を作っています．

```
1 nfolds <- 10
2 set.seed(SEED)
3 cv.no <- split(sample(1:nrow(xy)), 1:nfolds)
4 str(cv.no)
```

```
List of 10
 $ 1 : int [1:51] 171 197 127 68 418 185 183 137 154 352 ...
 $ 2 : int [1:51] 235 329 276 410 360 96 156 503 315 499 ...
 $ 3 : int [1:51] 31 486 74 17 278 66 392 400 42 98 ...
 $ 4 : int [1:51] 100 335 46 232 464 346 458 29 169 411 ...
 $ 5 : int [1:51] 239 397 368 502 279 300 175 61 467 90 ...
 $ 6 : int [1:51] 151 312 258 359 2 436 4 210 383 313 ...
 $ 7 : int [1:50] 304 133 158 22 479 177 309 265 471 110 ...
 $ 8 : int [1:50] 65 271 443 25 32 468 284 448 427 131 ...
 $ 9 : int [1:50] 478 361 286 497 51 119 474 179 456 386 ...
```

```
 $ 10: int [1:50] 272 404 504 82 354 219 237 41 129 388 ...
```

Bostonデータセットに対する予測精度の尺度を何にするかは決めておく必要があります．モデル上は連続値である住宅価格の予測ですから，2乗誤差を考えるのが自然です．しかし，本例には，目的変数の値が50で打ち切られているという特殊性があった点に注意が必要です．

もちろん，打ち切られて50の値を示しているものの中には，真の値が50より大きいために50に抑えられたものが相当数あると考えられます．しかし，それだけでなく，精査してみると実は，50の値を示しているデータの中には，さまざまなモデルの観点からして何らかの誤りに由来すると思われるもの（より具体的にいえば，本来もつべき値よりおそらくは過大に記録されていると疑われるもの）が混在しているようです．そのため，学習には値が50のものも用いるにしても，あるモデルが，データ上の値が50のものについての予測をほかのモデルよりも大きく外しているからといって，その点でそのモデルがほかのモデルよりも予測力が劣っているとは言いがたい面があります．そこで，Bostonデータセットに対する予測誤差は，2乗誤差を基本としますが，予測誤差を求める際には，答えの値が50のものを除いて計算することとします．Rの関数で書けば次のとおりです．

```
1  err <- function(act, pred) {
2    sum(((act - pred) ^ 2)[act < 50])
3  }
```

ここでは，actとpredには同じ長さのベクトルを入力するものと想定しています．したがって，((act - pred) ^ 2)[act < 50]は，((act - pred) ^ 2)がベクトルだと想定されるので，この部分は，そのベクトルの要素のうちact < 50を満たす要素だけを並べて作ったベクトルを表します．

このerrは，計算過程において分割ごとに使用するものであり，その分割ごとの計算では（meanでなくsumとして）こうして総計をとっておきます．そして，分割した数のぶんの結果が出揃ってから平均を求め，さらにその平方根をとり，最終的にはRMSEとして表示することとします．具体的な取り扱いの詳細は，あとで実際にerrを使用するところで確認してください．

## 8.2 ハイパーパラメータのチューニングが不要なモデルの場合

GLMや（mgcv::gamのデフォルトの場合の）GAMのようにハイパーパラメータがないものや，ラッソやリッジのように，パッケージに用意されているCV用の関数で自動的にチューニングできるものの場合をまず扱います．

そうした各モデルに基づく予測を行うために，専用の関数をそれぞれ作っておくことにします．その関数は，学習データと適用データとを入力すると，学習と予測を行い，適用データに対する予測値ベクトルを返すものです．たとえば，線形回帰モデルに対応する関数は次のとおりです．

```
1  lmPred <- function(train, fitting){
2    predict(lm(y ~ ., data = train), newdata = fitting)
3  }
```

こうした関数を引数の1つ（具体的には第2引数cv.pred）にもつ関数で，CVを実行させるためのものは，たとえば次のようにして作ることができます．

```
1  doCV <- function(data, cv.pred) {
2    total_err <- 0
3    for (i in 1:nfolds) {
4      cv.train <- data[-cv.no[[i]], ]
5      cv.valid <- data[cv.no[[i]], ]
6      pred <- cv.pred(cv.train, cv.valid)
7      total_err <- total_err + err(cv.valid$y, pred)
8    }
9    return(total_err)
10 }
11
12 (result <- doCV(xy, lmPred))
```

```
[1] 8038.491
```

このdoCV関数の定義中にあるcv.noとerrは前節で使っていたものと同じです．それらと，目的変数の名前をyとしたデータフレーム（上の実行例ではxy）と，第2引数cv.predに入れるべき関数とを用意しておけば，このdoCV関数は（Bostonデータに限らず）汎用的に使えます．本データに即して，上の実行例の結果 result の数値を，見やすいように RMSE に変換しておけば，次のとおりです．

```
1  cat(" RMSE =", lm.rmse <- sqrt(result / sum(xy$y < 50)))
```

```
 RMSE = 4.050319
```

前章で扱った 2 変数の交互作用項まで入れた GLM に対しても同様に計算すれば次のとおりです．

```
1  glmPred <- function(train, fitting) {
2    predict(glm(y ~ (.) ^ 2,
3                data = train,
4                family = Gamma(log)),
5            newdata = fitting,
6            type = "response")
7  }
8
9  cat(" RMSE =",
10     glm.rmse <- sqrt(doCV(xy, glmPred) / sum(xy$y < 50)))
```

```
 RMSE = 3.156363
```

デフォルトのままのランダムフォレストの CV もやっておきましょう．

```
1  library(randomForest)
2  defaultRFPred <- function(train, fitting) {
3    set.seed(SEED)
4    predict(randomForest(y ~ ., data = train),
5            newdata = fitting)
6  }
7
8  cat(" RMSE =",
9      defaultRF.rmse <-
10       sqrt(doCV(xy, defaultRFPred) / sum(xy$y < 50)))
```

```
 RMSE = 2.596505
```

ハイパーパラメータがあるモデルでも，ラッソやリッジのように，そのチューニングが自動化されているものに対しては，まったく同様にこの CV をあてはめることができます．ラッソの例を示せば次のとおりです (cv.glmnet のデフォルトの nfolds = 10 では結果が安定しなかったので，nfolds = 20 としました)．

```
1  library(glmnetUtils)
2  lambdas <- 0.1 ^ seq(2, 4, length.out = 100)
3  lassoPred <- function(train, fitting) {
4    set.seed(SEED)
5    cv.result <- cv.glmnet(
6      y ~ (crim + zn + indus + chas + nox + rm + age +
7             dis + rad + tax + ptratio + black + lstat) ^ 2,
8      data = train, alpha = 1, lambda = lambdas, nfolds = 20
9    )
10   cat("\n lambda.min =",
11       lambda.min <- cv.result$lambda.min)
12   predict(cv.result, newdata = fitting, s = lambda.min)
13 }
14
15 cat("\n RMSE =",
16     lasso.rmse <- sqrt(doCV(xy, lassoPred) / sum(xy$y < 50)))
```

```
lambda.min = 0.002154435
lambda.min = 0.00097701
lambda.min = 0.002848036
lambda.min = 0.001484968
lambda.min = 0.001417474
lambda.min = 0.0004641589
lambda.min = 0.00178865
lambda.min = 0.003274549
lambda.min = 0.001072267
lambda.min = 0.0006428073
RMSE = 3.139972
```

こうしてCVは，（ものによっては大変な計算時間がかかるかもしれませんが）実行の作業自体は簡単です．しかし，いま見たように結果を1つの数値だけで表したのでは，予測性能の良し悪しは判断しきれません．たとえば，平均的な結果は良くても，結果が良いときと悪いときの差が大きいモデルもあります．目的によっては，平均的な結果は多少悪くても，許容できる予測誤差なら，誤差が安定していると期待できるものが好まれるかもしれません．また，そもそも，結果の数値の「精度」も，1つの数値を見ただけではわかりません．

1つの値では測れないこうしたことがらを検証する方法の1つは，（すでに述べたように）乱数シードを変えてCV自体を何度も繰り返すことです．その一方，1回のCVでも，CVの過程で計算される諸数値を出力することで，参考となる情報は得られます．一例を示すと次のとおりです（コードの詳細の説明は省きます）．

```
1  detailedCV <- function(data, cv.pred, name = NULL) {
2    total_err <- 0 ## "err" means "error for validation data"
3    total_res <- 0 ## "res" means "residual for training data"
4    df <- data.frame() ## Data frame to show results
5    y <- vector()
6    yhat <- vector()
7    for (i in 1:nfolds) {
8      cv.train <- data[-cv.no[[i]], ]
9      cv.valid <- data[cv.no[[i]], ]
10     fit <- cv.pred(cv.train, cv.train)
11     residual <- err(cv.train$y, fit)
12     total_res <- total_res + residual
13     pred <- cv.pred(cv.train, cv.valid)
14     error <- err(cv.valid$y, pred)
15     total_err <- total_err + error
16     df <- rbind(
17       df,
18       data.frame(
19         fold = i,
20         train.size = sum(cv.train$y < 50),
21         RMSR =
22           round(sqrt(residual / sum(cv.train$y < 50)), 6),
23         valid.size = sum(cv.valid$y < 50),
24         RMSE =
25           round(sqrt(error / sum(cv.valid$y < 50)), 6)
26         )
27       )
28     y <- c(y, cv.valid$y)
29     yhat <- c(yhat, pred)
30   }
31   plot(y, yhat, main = name)
32   curve(identity, add = TRUE)
33   df <- rbind(
34     df,
35     c(0,
36       sum(df[, 2]) / nfolds,
37       round(sqrt(total_res / sum(df[, 2])), 6),
38       sum(df[, 4]) / nfolds,
39       round(sqrt(total_err / sum(df[, 4])), 6)
40       )
41     )
42   df[11, 1] <- "Mean"
43   return(df)
44 }
45
46 detailedCV(xy, glmPred, "GLM")
```

```
  fold train.size     RMSR valid.size     RMSE
1    1        440 2.329816         50 2.320470
2    2        439 2.250393         51 2.746345
3    3        440 2.276198         50 2.796066
4    4        440 2.282795         50 3.213291
5    5        439 2.268823         51 2.978668
```

```
6       6          443  2.259385          47  2.830242
7       7          443  2.300895          47  2.843889
8       8          443  2.198307          47  2.902855
9       9          443  2.196383          47  4.964233
10     10          440  2.272663          50  3.338373
11  Mean           441  2.263841          49  3.156363
```

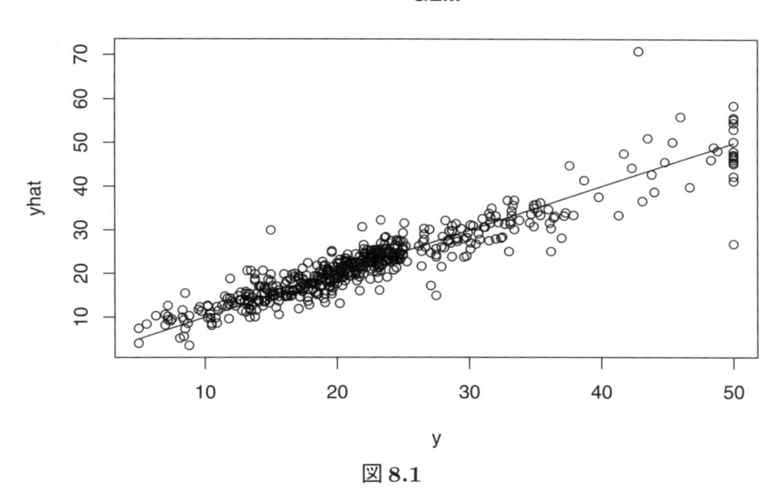


図 **8.1**

このCVでは10回のバリデーションを行いますが，図8.1は，その10回のバリデーションデータの実際の観測値と予測値との関係をプロットしたものです．また，各回のRMSRとRMSEおよびそれぞれの平均を一覧表にして出力しています．各回に学習して作ったモデルをバリデーションデータにあてはめたときの誤差の規模を測ったのがRMSEであり，その同じモデルを，学習に使ったデータにあてはめたときの残差の規模を測ったのがRMSRです．

このdetailedCVを，例としてGAMに対しても実行すると以下のとおりです．実行には時間を要する場合があるのでご注意ください．

```
1  library(mgcv)
2  gamPred <- function(train, fitting) {
3    model <- gam(
4      y ~ s(crim) + s(zn) + s(indus) + chas + s(nox) +
5        s(rm) + s(age) + s(dis) + rad + s(tax) +
6        s(ptratio) + s(black) + s(lstat),
```

```
7       data = train,
8       family = Gamma(log)
9     )
10    predict(model, newdata = fitting, type = "response")
11  }
12
13  (result <- detailedCV(xy, gamPred, "GAM"))
14
15  gam.rmse <- as.numeric(result[nfolds + 1, "RMSE"])
```

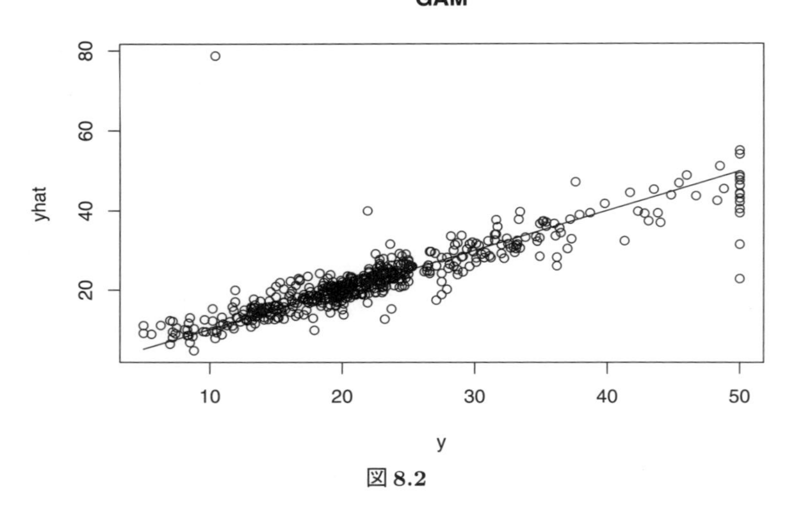


図 8.2

```
   fold train.size     RMSR valid.size      RMSE
1     1        440 2.536330         50  2.545114
2     2        439 2.394534         51 10.146604
3     3        440 2.443595         50  2.986154
4     4        440 2.490145         50  2.224574
5     5        439 2.490309         51  2.725188
6     6        443 2.414850         47  2.379002
7     7        443 2.407311         47  3.825944
8     8        443 2.444464         47  2.838887
9     9        443 2.444130         47  2.844308
10   10        440 2.456080         50  2.761191
11 Mean        441 2.452457         49  4.223543
```

この結果を見ると，GAM は，2 つめのバリデーションにおいて，ある 1 つの対象の予測を極端に大きく外しており，その影響で，全体の予測誤差が GLM より悪くなっています．調べてみると，該当するデータは 381 番めのデータで，データセット上の値が 10.4 のところを 78.713478 と予測してしまっています．この極端な間違いは，このデータに対するGAMの弱さを表しているとも考えられますが，その一方，このデータを除いてGAMのRMSEを計算すると（実は）2.886412となり，かなりよい予測精度となります．また，（そのデータを除けば）全体としても，個々の傾向としても，残差や誤差の大きさ（小さいほうがよく適合している）については，

$$\text{GLM の RMSR} < \text{GAM の RMSR} < \text{GAM の RMSE} < \text{GLM の RMSE}$$

という関係が見られ，GAMはGLMと比べて，概ね過剰適合の度合いが小さいことが窺えます．

こうした見方は一例にすぎませんが，大事なのは，CVでモデルを選択したり評価したりするといっても，1つの指標に頼るのでなく，予測モデリングの目的に応じて，さまざまな観点からCVの結果を参考とすることです．

## 8.3 ●●● 「2重」のCVの実例

予測精度の追求のためには，領域知識やEDAを駆使したうえで，モデルがもつハイパーパラメータの候補を広範囲に機械的に探索してチューニングすることが考えられます．そのときに，過剰適合に陥らないためには，最終的なモデル選択・評価の方法がきわめて重要であり，（計算量の観点で問題がなければ）2重のCVを実施するのが1つの自然な方法です．そしてその場合，前節のいくつかの例と違って，「内側のCV」も実装することになりますので，文字通りの「2重」のCVの実施となります．

CVのやり方はすでに見てきたので，それが2重になったとしても，その限りでは，これまで見てきたことを素直に応用すれば済むはずです．しかしながら，実際には，次のような，これまでとは別の配慮も必要になります．

1. 計算量が増えるので，並列処理などで高速化を図る工夫が必要である．
2. 複数のハイパーパラメータのCVを自分で最初からコードを書いて実行するのは，いろいろな意味で合理的でなく，有用なパッケージの利用を考えるべきである．

まず, 1点めについて, 例を使って見てみましょう．たとえばエラスティックネットで，$\alpha$のチューニングもする場合，モデルの選択・評価のためのCVは，たとえば次のようにして実行することができます．

```
1   elastic0Pred <- function(train, fitting, parallel){
2     alphas <- seq(0, 1, by = 0.1)
3     lambdas <- 0.1 ^ seq(1, 5, length.out = 200)
4     k <- length(alphas)
5     zeros <- rep(0, k)
6     df <- data.frame(alpha = zeros,
7                      lambda.min = zeros,
8                      cvm.min = zeros)
9     lst <- split(rep(NA, k), 1:k)
10    for(i in 1:k){
11      alpha <- alphas[i]
12      set.seed(SEED)
13      cv.result <- cv.glmnet(
14        y ~ (crim + zn + indus + chas + nox + rm + age +
15               dis + rad + tax + ptratio + black + lstat) ^ 2,
16        data = train, nfolds = 20,
17        alpha = alpha, lambda = lambdas, parallel = parallel)
18      df[i, ] <-
19        c(alpha, cv.result$lambda.min, min(cv.result$cvm))
20      lst[[i]] <- cv.result
21    }
22    best <- which.min(df$cvm.min)
23    #cat("\n range of lambda.min:", range(df[, "lambda.min"]))
24    cat(" alpha.min =",
25        alpha.min <- format(df[best, "alpha"], nsmall = 1),
26        "\t lambda.min =",
27        lambda.min <- df[best, "lambda.min"],
28        "\n")
29    predict(lst[[best]], newdata = fitting, s = lambda.min)
30  }
31
32  elasticFPred <- function(train, fitting) {
33    elastic0Pred(train, fitting, FALSE)
34  }
35
36  system.time(
37    cat(" RMSE =",
38        sqrt(doCV(xy, elasticFPred) / sum(xy$y < 50)),
39        "\n"))
```

```
 alpha.min = 1.0         lambda.min = 0.001956398
 alpha.min = 1.0         lambda.min = 0.001071891
 alpha.min = 1.0         lambda.min = 0.003107866
 alpha.min = 0.1         lambda.min = 0.004297005
 alpha.min = 1.0         lambda.min = 0.001023411
 alpha.min = 0.0         lambda.min = 0.001482021
 alpha.min = 1.0         lambda.min = 0.002146141
 alpha.min = 0.3         lambda.min = 0.003107866
```

```
alpha.min = 0.2          lambda.min = 0.003739937
alpha.min = 1.0          lambda.min = 0.0008119845
RMSE = 3.139996
  user  system elapsed
230.16    0.26  230.44
```

コードについて詳しくは説明しませんが，いくつか補足しておきます．まず，定義している関数 elastic0Pred に，あとの並列計算の準備のために parallel という引数を用意していますが，上の実行例ではまだ機能していません．df は，与えられた学習データに施される（内側の）CV の結果を記録するデータフレームで，各行には，候補となる $\alpha$ が1つずつ対応し，その $\alpha$ の値と，その $\alpha$ のときに（内側の）CV によって測られた予測誤差 cvm が最小だった $\lambda$ の値と，その場合の cvm の値とが格納されます．lst は，与えられた学習データに対して cv.aglm を施すことで作られるオブジェクトを格納するリストで，候補となる $\alpha$ の個数（本例では 11 個）の要素からなります．コード中では，lst[[best]] とすることで，（内側の）CV の成績が最もよかったモデルを含むオブジェクトを指示しています．そして，そのオブジェクトを predict.cv.glmnet 関数に入力する際は，s = lambda.min という指定と組にすることで，（内側の）CV の成績が最もよかったモデルを特定しています．

system.time という関数は，実行時間を示すものです．上の出力結果では，外側の CV の結果とともに，この 2 重の CV をある環境で実行した際に要した時間が表示されています．読者が同じことを実行しても，環境が異なることもあり，その結果の数値は当然異なります．内訳の比率を含め，値が大きく変わる可能性もあります．ここでは，もろもろ含めてかかった合計の時間である elapsed（上の出力例では 230.44 秒）に注目し，すぐあとで同じことを別のコードで実行したときの結果と比較します．

実は，cv.glmnet 関数は，並列計算に対応するように parallel という引数（デフォルト値は FALSE）があらかじめ用意されています．これを TRUE に指定すると，CV を並列で計算してくれます．ただし，並列計算のためには「クラスターの設定」が必要です．PC のもつコア数を目いっぱい利用するようにクラスターを設定して実行するコードの例は，次のとおりです．

```
1   library(parallel)
2   library(doParallel)
3   cl <- makePSOCKcluster(detectCores())
4   registerDoParallel(cl)
5
6   elasticTPred <- function(train, fitting) {
7     elastic0Pred(train, fitting, TRUE)
8   }
9
10  system.time(
11    cat(" RMSE =",
12        elastic.rmse <-
13          sqrt(doCV(xy, elasticTPred) / sum(xy$y < 50)),
14        "\n")
15  )
16
17  stopCluster(cl)
```

先のコードとは並列計算の有無だけが異なるので，実行結果は，計算時間を除いてすべて同じであり，同じ部分の出力は省略します．結果としてかかった計算時間の一例は次のとおりでした．

```
   user  system elapsed
  31.90    2.22  110.82
```

本事例の場合についていえば，筆者が（通常のPC使用環境のまま簡易的に）何度か実験した限りでは，並列計算を行った場合の計算時間は，並列計算を行わない場合の5割くらいに短縮されました．

次に，CV用のパッケージについて考えます．ハイパーパラメータの数が多いなど，モデルが複雑になってきた場合には，CV用にうまく作り込まれた関数が用意されているパッケージを利用するほうが，CVの実装が容易だったり，計算が効率的だったり，関係者と連携しやすかったりする場合があります．

以下では，caretパッケージを利用する例を紹介します．このパッケージは，予測モデリングの補助となるツールを集めたものであり，データの分割，その他の前処理，変数選択，リサンプリングを利用したモデルのチューニング，特徴量重要度の推定などのツールが揃っています．もちろん，いまの主題であるCVによるハイパーパラメータのチューニングのためのツールも充実しています．詳しくは，http://topepo.github.io/caret/index.html

を参照してください.

ここでは，このパッケージを利用して，ランダムフォレストに対して2重のCVを実行する例を紹介します．外側のCVのための関数（doCVないしdetailedCV）はすでに用意できていますから，以下では内側のCVを実行する関数（rfPredと名づけます）を作ることが中心となります．その関数は，これまで作ってきたglmPred関数等と同様，学習データと適用データとを入力すると，学習と予測を行い，適用データに対する予測値ベクトルを返すものです.

ここでは，ランダムフォレストの実行には，randomForest::randomForestよりも高速で，チューニングできるパラメータの選択肢も広いranger::rangerを使うことにします．rangerがどんな関数であるか知るために，試しにデータセットxyの半分のhalfを使って実行すると次のとおりです.

```
1  library(ranger)
2  ranger(y ~ ., data = half)
```

```
Ranger result

Call:
 ranger(y ~ ., data = half)

Type:                             Regression
Number of trees:                  500
Sample size:                      253
Number of independent variables:  13
Mtry:                             3
Target node size:                 5
Variable importance mode:         none
Splitrule:                        variance
OOB prediction error (MSE):       14.90671
R squared (OOB):                  0.8160763
```

出力結果には，モデルを表す式の下の部分にいろいろと書いてありますが，そのうちでモデルのハイパーパラメータについての情報は，上から2つめのNumber of trees（作った木の数num.trees）の「500」，上から5つめのMtry（枝分かれを作るときに，ランダムに選ばれて使用される説明変数の数mtry）の「3」，そのすぐ次のTarget node size（端のノードないし「葉」に含まれる観測対象の最少数min.node.size）の「5」です．また，下から3つめのSplitrule（分割点を選ぶための指標splitrule）の「目的変数の分散

(variance)」も，チューニングの対象となりうるという意味では，ハイパーパラメータです．以上のいずれも，上のコードでは指定しませんでしたから，（回帰モデルの場合の）デフォルト値となっています．ただし，mtryのデフォルトは，「3」という値で定められているわけではなく，説明変数の数（いまの例では13）の平方根の小数点以下を切り捨てた整数値とされています．

これらのハイパーパラメータのうち，mtry，min.node.size，splitruleの3つは，caretパッケージのtrain関数を使うと，簡単にチューニングできます（num.treesは，ランダムフォレストの場合は，計算時間が許すなら大きいに越したことはないパラメータなので，実行者が自由に決めるか，デフォルトのままとします）．

例として示すハイパーパラメータのチューニングは，グリッドサーチとよばれる方法で行います．これは，チューニングしたい各パラメータの値の候補の組み合わせ（1つひとつを「グリッド」と考える）を，しらみつぶしに試す方法です．ここでは簡単にするため，mtryの候補を3,5,7の3つ，min.node.sieの候補も3,5,7の3つとして，合計 $3\times3=9$ 通りの候補から（内側の）CVで1つを選択することにします．そのための関数rfCVの例は次のとおりです．

```
1   library(caret)
2   rfCV <- function(train) {
3     rf_grid <- expand.grid(
4       mtry = c(3, 5, 7),
5       splitrule = "variance",
6       min.node.size = c(3, 5, 7)
7       )
8     set.seed(SEED)
9     model <- train(
10      y ~ .,
11      data = train,
12      method = "ranger",
13      num.trees = 500,
14      trControl = trainControl(method = "cv",
15                               number = 10,
16                               search = "grid"),
17      tuneGrid = rf_grid
18      )
19    model
20  }
```

ここでは，expand.grid関数を使って，ある種のデータフレームの形で9通りの候補を用意し，rfGridという名前にしています．コードの中心部分は，caret::train関数によるmodelの定義で，その中で必要事項を設定をしています．特に，trControlのところで，10分割CVでグリッドサーチをすることを指定しています．

試しにhalfデータを使ってCV（内側のCVと同じもの）を1回実行すると次のとおりです（この方法でのcaret::trainの計算は並列処理を前提としているため，registerDoParallel()等による設定が必要です）．

```
1  cl <- makePSOCKcluster(detectCores())
2  registerDoParallel(cl)
3
4  rfCV(half)
5
6  stopCluster(cl)
```

```
Random Forest

253 samples
 13 predictor

No pre-processing
Resampling: Cross-Validated (10 fold)
Summary of sample sizes: 229, 228, 227, 229, 228, 227, ...
Resampling results across tuning parameters:

  mtry  min.node.size  RMSE      Rsquared   MAE
  3     3              3.698122  0.8283456  2.537507
  3     5              3.716014  0.8276511  2.537844
  3     7              3.787731  0.8220443  2.605347
  5     3              3.632779  0.8264507  2.495097
  5     5              3.625395  0.8251704  2.491822
  5     7              3.653703  0.8238836  2.509550
  7     3              3.651424  0.8214818  2.484665
  7     5              3.653822  0.8203714  2.499180
  7     7              3.650914  0.8217814  2.504127

Tuning parameter 'splitrule' was held constant at a value
 of variance
RMSE was used to select the optimal model using the
 smallest value.
The final values used for the model were mtry = 5, splitrule
 = variance and min.node.size = 5.
```

この場合，出力結果に示されているとおり，RMSEの比較により，9通りの候補のうちmtry = 5, min.node.size = 5が選ばれています．

このrfCVを使えば，作ろうとしていた関数rfPredは次のとおりとなります．

```
1  rfPred <- function(train, fitting) {
2    predict(rfCV(train), newdata = fitting)
3  }
```

これを使って外側のCVを実行すれば次のとおりです．実行には時間を要する場合があるのでご注意ください．

```
1  cl <- makePSOCKcluster(detectCores())
2  registerDoParallel(cl)
3
4  cat(" RMSE =",
5      rf.rmse <- sqrt(doCV(xy, rfPred) / sum(xy$y < 50)))
6  #detailedCV(xy, rfPred, "Random Forest")
7
8  stopCluster(cl)
```

```
 RMSE = 2.64234
```

同様に，XGBoostの場合のチューニングの「雰囲気」を例示しておきます．内側のCVの関数の例は次のとおりです．

```
1  library(xgboost)
2  xgbCV <- function(train) {
3    xgbGrid <- expand.grid(
4      nrounds = c(3000, 4000),
5      max_depth = c(6),
6      eta = c(0.01, 0.02),
7      gamma = c(0.6),
8      subsample = c(0.7),
9      colsample_bytree = c(0.8),
10     min_child_weight = c(1)
11     )
12   set.seed(SEED)
13   model <- train(
14     y ~ .,
15     data = train,
16     method = "xgbTree",
17     trControl = trainControl(method = "cv",
18                              number = 10,
19                              search = "grid"),
20     tuneGrid = xgbGrid
21     )
22   model
23 }
```

グリッドは2×2＝4個のみとしています．それらの候補や，ほかのハイパーパラメータは，見た目の結果が良すぎたり，悪すぎたりしないように，前章でtrainでチューニングした結果をもとに少しだけ手を加えました．

これも試しにhalfデータを使って（内側の）CVを1回実行すると次のとおりです．実行には時間を要する場合があるのでご注意ください．

```
1  cl <- makePSOCKcluster(detectCores())
2  registerDoParallel(cl)
3
4  xgbCV(half)
5
6  stopCluster(cl)
```

```
eXtreme Gradient Boosting

253 samples
 13 predictor

No pre-processing
Resampling: Cross-Validated (10 fold)
Summary of sample sizes: 229, 228, 227, 229, 228, 227, ...
Resampling results across tuning parameters:

  eta   nrounds  RMSE      Rsquared   MAE
  0.01  3000     3.530829  0.8348798  2.372711
  0.01  4000     3.529618  0.8350024  2.372291
  0.02  3000     3.525441  0.8366126  2.354022
  0.02  4000     3.524826  0.8366366  2.354426

Tuning parameter 'max_depth' was held constant at a value
 of 6
Tuning parameter 'gamma' was held constant at a value of
 0.6
Tuning parameter 'colsample_bytree' was held constant at
 a value of 0.8
Tuning parameter 'min_child_weight' was held constant at
 a value of 1
Tuning parameter 'subsample' was held constant at a value
 of 0.7
RMSE was used to select the optimal model using the smallest
 value.
The final values used for the model were nrounds = 4000,
 max_depth = 6, eta = 0.02, gamma = 0.6, colsample_bytree =
 0.8, min_child_weight = 1 and subsample = 0.7.
```

どうでしょうか．PC環境次第では，たったこれだけのチューニングでもかなりの時間を要したかもしれません．

このxgbCVを使って，予測用の関数xgbPredを作り，さらに外側のCVを実行するコードの例（実行には多大な時間がかかるので要注意）は次のとおりです．

```
1   xgbPred <- function(train, fitting){
2     predict(xgbCV(train), newdata = fitting)
3   }
4
5   cl <- makePSOCKcluster(detectCores())
6   registerDoParallel(cl)
7
8   cat("\n RMSE =",
9       sqrt(doCV(xy, xgbPred) / sum(xy$y < 50)))
10
11  stopCluster(cl)
```

ただし，これは時間がかかるので，ここでは実行せず，すぐ上で，半分のデータで作ったモデルhalf.modelを使って代わりに外側のCVを実施してみましょう（したがって，これ自体は，狭い意味での「2重」のCVではありません）．実行には時間を要する場合があるのでご注意ください．

```
1   xgbPred <- function(train, fitting){
2     set.seed(SEED)
3     model <- xgboost(
4       data = as.matrix(train[, -14]),
5       label = train$y,
6       nrounds = 4000,
7       max_depth = 6,
8       eta = 0.02,
9       gamma = 0.6,
10      colsample_bytree = 0.8,
11      min_child_weight = 1,
12      subsample = 0.7,
13      verbose = 0
14      )
15    predict(model, newdata = as.matrix(fitting[, -14]))
16  }
17
18  cat(" RMSE =",
19      xgb.rmse <- sqrt(doCV(xy, xgbPred) / sum(xy$y < 50)))
20  #detailedCV(xy, xgbPred, "XGBoost")
```

```
RMSE = 2.612147
```

## 8.4 ●●● Boston データセットに対するモデルについてのまとめ

前章および本章で Boston データセットに対してさまざまなモデルをあてはめてきました．本書の狙いは，予測モデリングの基本手順を習得してもらうことなので，その例示にすぎないここまでのモデリングは，どのモデルについても，かなり通り一遍のものでした．それでも，ここまでの例示を通して本データセットと各モデルとの相性とでもいうべきものは，それなりに見えたと思います．実際には筆者は，本書の準備のためにもう少し詳しい検討もさまざまに行ったため，その際の実感も多少踏まえながら，各モデルの特徴を述べておきます．

まず，参考のために，本章で外側の CV を試したモデルについて，そのときの結果の RMSE を一覧にしておきます．

```
1  c(LM = lm.rmse, GLM = glm.rmse, defaultRF = defaultRF.rmse,
2    LASSO = lasso.rmse, ENet = elastic.rmse, GAM = gam.rmse,
3    RF = rf.rmse, XGBoost = xgb.rmse)
```

```
      LM       GLM defaultRF     LASSO      ENet       GAM
4.050319  3.156363  2.596505  3.139972  3.139996  4.223543
      RF   XGBoost
2.642340  2.612147
```

GLM や，ラッソを含む正則化 GLM は，線形回帰モデルと比べるとだいぶ予測誤差が小さくなりましたが，その他のモデルと比べると適合不足のきらいがありました．前章のみで試した GLM のステップワイズ法は，そこそこ実行時間がかかりましたが，本データセットについては，予測精度の改善はあまり見られませんでした．いずれも，線形表現に限定しているぶん適合度が上がらなかったと解釈できます．

GAM は，2 重の CV の結果こそ悪かったですが，大きく予測を外した 1 つのデータを除くと，GLM や正則化 GLM よりもかなりよい予測精度でした．モデルの表現力の豊かさが窺われます．

予測誤差を比較する限り，結果がよかったのはランダムフォレストおよび XGBoost でした．これらのハイパーパラメータのチューニングについては，本章で紹介したのは「雰囲気」だけですが，本章に実行結果を載せたものの限りでは，デフォルトのランダムフォレストが最もよい成績でした．

前章の冒頭で述べたように，本データセットは「ノイズが小さい」ものでした．そのため，表現力の高い決定木系のモデルが，GLMおよびその発展形のモデルよりも，予測精度においてははっきりと優位だったと総括できそうです．

その一方で，本章で紹介した実例から，リスクを扱う予測モデリングに応用する場合の以下の注意点も示唆されると思われます．

本章のコードを実行したとしたら実感を得てもらえたと思いますが，狭い意味での「2重」のCV，つまり，内側のCVで本格的にハイパーパラメータをチューニングさせる場合の2重のCVは，きわめて計算負荷が高いです．本データセットの標本サイズがほんの500程度だったことにも注意してください．

グリッドサーチを行う場合，実は，グリッドの候補をどう選ぶかで結果も変わってきます．しかも，グリッドの候補を巧妙に恣意的に選んでいくと，2重のCVの見た目の結果をかなり制御できる場合があります．そのため，実際に行った2重のCVにおけるグリッドが適正であったかどうかの説明は簡単ではありません．ハイパーパラメータの数が増えるほど，その説明はますます難しくなります．

とはいえ，誰から見ても恣意的に映らないように十分に細かくグリッドを用意するとなると，ハイパーパラメータの数のぶんだけ全体のグリッド数は掛け算で増えていくために計算負荷も爆発的に増えていき，現実的ではありません．すると，2重のCVが適正だったかを客観的に測るには，結局のところ，本当の最終段階まで決して参照しないホールドアウトデータをとっておくことほかないかもしれません．このあたりの実際の運営上の判断はなかなか難しいところです．

いずれにせよ，以上から示唆されることの1つは，ハイパーパラメータの多いモデルは，予測精度は高いかもしれない一方，(そういうモデルはブラックボックス的な場合が多く，その意味で説明力に難があることもさることながら)モデリングの過程の適正さに関する説明力に難があり，リスクを扱う際の予測モデルとしては，なかなか採用しがたい面がある，ということです．

# 分類問題の実例

本章では，前章までのBostonデータと違って，「リスク」に関わるデータを扱います．その際，ある種の分類問題を題材とすることとします．

本章で用いる乱数シードの番号は次のとおりとします．

```
1  SEED <- 2018
```

## 9.1 データの入手と中身の確認

本章と補章では，ausprivauto0405データセット（オーストラリアの個人向け自動車保険のデータセット）を用います．そのため，本書の実例をRで実行する場合には，すぐあとに示す2つのいずれかの方法で，そのデータセットをR環境にとり込んでおいてください．

1つめは，このデータセットが入っているCASdatasetsというパッケージを入手しておく方法です．最初のインストールには時間がかかりますが，2回め以降はインストールは不要ですし，Rのヘルプ機能でデータに関する記述等も見られるようになるのでおすすめです．

```
1  install.packages(c("xts","sp"))
2  install.packages(
3    "CASdatasets",
```

```
4     repos = "http://dutangc.free.fr/pub/RRepos/",
5     type = "source",
6     dependencies = TRUE
7   )
```

```
1   library(CASdatasets)
2   data("ausprivauto0405")
```

データは適宜加工もするので，次のようにaus.dfというデータセットに移し替えてから以降は作業します．

```
1   aus.df <- ausprivauto0405
```

もう1つの方法は，本書の内容を実行するために東京図書株式会社のダウンロードサイト（http://www.tokyo-tosho.co.jp/download/）からすでに読者のPCにダウンロードしているものを使う方法です．この場合，pm-bookという名のフォルダ内のdataフォルダ内にファイルがあります．作業フォルダがpm-bookになっていれば，次のようにすれば読み込めます．

```
1   load(file = "./data/ausprivauto0405.rda")
```

いずれの方法であれ，R環境にとり込んだら，構造を確認しておきましょう．

```
1   str(aus.df)
```

```
'data.frame':   67856 obs. of  9 variables:
 $ Exposure    : num  0.304 0.649 0.569 0.318 0.649 ...
 $ VehValue    : num  1.06 1.03 3.26 4.14 0.72 2.01 1.6 1.47 0.52
     0.38 ...
 $ VehAge      : Factor w/ 4 levels "old cars","oldest cars",..:
    1 3 3 3 2 1 1 3 2 2 ...
 $ VehBody     : Factor w/ 13 levels "Bus","Convertible",..: 5 5
    13 11 5 4 8 5 5 5 ...
 $ Gender      : Factor w/ 2 levels "Female","Male": 1 1 1 1 1 2
    2 2 1 1 ...
 $ DrivAge     : Factor w/ 6 levels "old people","older work.
    people",..: 5 2 5 5 5 2 2 3 4 2 ...
 $ ClaimOcc    : int  0 0 0 0 0 0 0 0 0 0 ...
 $ ClaimNb     : int  0 0 0 0 0 0 0 0 0 0 ...
 $ ClaimAmount: num  0 0 0 0 0 0 0 0 0 0 ...
```

簡潔に解説すると以下のとおりです．

- 標本サイズは67856で，変数の数は9.
- Exposure：エクスポージャ（各対象の観測期間）を表す数値型変数．単位は年.
- VehValue：車両価格を表す数値型変数．単位は1000オーストラリアドル.
- VehAge：車齢を4つのグループのうちの1つで示す質的変数．グループ名は下のsummary参照.
- VehBody：車種を13個のグループのうちの1つで示す質的変数．グループ名は下のsummary参照.
- Gender：性別をFemaleとMaleのうちの1つで示す質的変数.
- DrivAge：運転者の年齢を6つのグループのうちの1つで示す質的変数．グループ名は下のsummary参照.
- ClaimOcc：観測期間内にクレーム（後述）が発生した場合は1，発生しなかった場合は0をとる整数型変数．本章ではこれを目的変数とする.
- ClaimNb：観測期間内のクレーム件数を示す整数型変数．これ自体は本章の目的変数ではないが，モデリングの過程で有効に活用することができる.
- ClaimAmount：観測期間内に発生したクレームに対して支払われた保険金の総額を示す数値型変数．本書では使用しない.

ここで，「クレーム」が発生するとは，（事故が起きて）保険金の請求が発生することですが，以下では，専門用語は使わず，クレームのことを「事故」とよびます．したがって，ClaimOccは「事故発生の有無」（「有」だと1，「無」だと0），ClaimNbは「事故件数」のこととします.

以上の9つの変数のうち，説明変数（加工することによって説明変数とする場合を含む）の候補は，Exposure，VehValue，VehAge，VehBody，Gender，DrivAgeの6つです．このうちExposure（観測期間）はいくつかの点で特殊です.

事故が観測される可能性は，観測期間の長さにほぼ比例して大きくなると考えられます．もし単純に文字どおり比例すると想定するならば，観測期間は，他の特徴量とは切り離してモデルに組み込むべきです．この可能性は実際にあと（9.3節や9.5節）で検討します．

観測期間という変数がほかと比べてまったく異なるのは，将来の予測をするとき，ほかの5つの特徴量の値は観測対象ごとに原則として固定されているのに対し，観測期間だけは，予測の対象となっている期間が終わらないと確定しない点です．したがって，保険データを扱う実際のモデリングにおいては，観測期間を説明変数の候補に含めるのは自然ではありません．しかしながら，観測期間を説明変数とした場合をよく分析しておくことは，将来予測にも有用な情報を提供するはずです．また，本書の目的は，さまざまな手法を例示することでなので，保険データの実務通りとする必要もありません．それに，実のところ，本データでは特徴量の個数が非常に少ないので，それなりの予測精度を得るためには，観測期間を説明変数の候補に含めるのが好都合でした．そこで，本章や補章の実例では（実務との違いは度外視して），観測期間（Exposure）そのものやそれを加工したものを説明変数の候補として扱います．

このデータセットの要約統計量を示せば次のとおりです．

```
1  summary(aus.df)
```

```
    Exposure             VehValue                 VehAge
 Min.   :0.002738   Min.   : 0.000   old cars       :20064
 1st Qu.:0.219028   1st Qu.: 1.010   oldest cars    :18948
 Median :0.446270   Median : 1.500   young cars     :16587
 Mean   :0.468651   Mean   : 1.777   youngest cars:12257
 3rd Qu.:0.709103   3rd Qu.: 2.150
 Max.   :0.999316   Max.   :34.560

           VehBody           Gender
 Sedan          :22233   Female:38603
 Hatchback      :18915   Male  :29253
 Station wagon:16261
 Utility        : 4586
 Truck          : 1750
 Hardtop        : 1579
 (Other)        : 2532
                 DrivAge              ClaimOcc
 old people            :10736   Min.   :0.00000
 older work. people:16189   1st Qu.:0.00000
 oldest people        : 6547   Median :0.00000
 working people       :15767   Mean   :0.06814
 young people         :12875   3rd Qu.:0.00000
```

```
youngest people   : 5742   Max.   :1.00000

   ClaimNb          ClaimAmount
 Min.   :0.00000   Min.   :     0.0
 1st Qu.:0.00000   1st Qu.:     0.0
 Median :0.00000   Median :     0.0
 Mean   :0.07276   Mean   :   137.3
 3rd Qu.:0.00000   3rd Qu.:     0.0
 Max.   :4.00000   Max.   :55922.1
```

これだと VehBody の情報の一部が省略されているので，この変数だけ summary を別途示すと次のとおりです．

```
1 summary(aus.df$VehBody)
```

```
              Bus       Convertible             Coupe
               48                81               780
          Hardtop         Hatchback           Minibus
             1579             18915               717
Motorized caravan         Panel van          Roadster
              127               752                27
            Sedan     Station wagon             Truck
            22233             16261              1750
          Utility
             4586
```

欠損値がないことを確認しておきます．

```
1 apply(aus.df, MARGIN = 2, FUN = function(x) sum(is.na(x)))
```

```
   Exposure    VehValue      VehAge     VehBody      Gender
          0           0           0           0           0
    DrivAge    ClaimOcc     ClaimNb ClaimAmount
          0           0           0           0
```

本章では，2 重の CV は行わないこととし，次のように学習用データ train とホールドアウトデータ hold.out に分けておき，ホールドアウトデータで，モデル比較を行います．

```
1 set.seed(SEED)
2 hold.out.num <-
3   sample(seq(nrow(aus.df)), round(nrow(aus.df) / 4))
4 aus.df["isHoldOut"] <- FALSE
5 aus.df[hold.out.num, "isHoldOut"] <- TRUE
6 train <- aus.df[!aus.df$isHoldOut, ]
7 hold.out <- aus.df[aus.df$isHoldOut, ]
8 dim(train)
9 dim(hold.out)
```

```
[1] 50892     10
[1] 16964     10
```

2重のCVを本章で行わないのは，2重のCVは前章で一通り紹介済みであるし，いざ実行すればどうしても紙幅を要することになるためです．それに，実のところ実務の場面を想定しても，本事例に対して2重のCVを実施しないことは，以下の点から（目的や環境次第では）十分に合理的な選択である可能性があります．

本章のデータは，標本サイズは6万以上であり，決してサイズの小さいデータではありません．その一方，Exposureを特徴量の1つとして数えたとしても，特徴量はExposure，VehValue，VehAge，VehBody，Gender，DrivAgeの6個しかありません．しかも，そのうちの4つはカテゴリー変数であり，それらのレベル数（ユニーク値の個数）は4,13,2,6であり，大きくありません．そのため，（適合不足を心配すべき状況である反面）モデリングの結果は比較的安定すると思われます．つまり，学習データを抽出するときの乱数の違いによる結果のぶれは比較的小さいと考えられ，ホールドアウトデータによる「一発勝負」の結果も比較的安定すると期待できます．

また，標本サイズがそれなりに大きいということは，モデル構築のための1つひとつの計算にも時間がかかることを意味します．そのため，時間対効果の観点から，2重のCVを行うべきでないという判断も（目的と環境次第では）十分にありえます．

## 9.2 ●●● 課題の理解と予測精度の尺度

さて，本章の課題は，どういう特徴量をもった対象に事故が発生するかを予測することです．次のとおり，観測対象の数は67856，事故があった対象の数は6424であり，その割合は，約6.8%です．

```
1  (a <- nrow(aus.df))
2  (b <- sum(aus.df$ClaimOcc))
3  b / a * 100
```

```
[1] 67856
[1] 4624
[1] 6.814431
```

この状況で事故が発生する対象を当てるのは至難の業です．観測期間内にクレームを起こす確率が平均の3倍もある対象を，的確にそのとおりに見積もって「この対象は事故を起こしやすい」と予測したとしても，その対象の事故発生確率は約20%ですから，約80%の確率で無事故となります．つまり，その高い確率でたしかに無事故となった場合，「事故を起こしやすい」という予測は，結果的には，ある意味では「外れ」です．

前章で見たような「価格」を予測するものなら，個々についていくら外れたのかが算出できます．つまり，「誤差」がいくらなのかがわかります．それに対し，本事例の場合の結果は，有か無かの2つに1つなので，「誤差」に相当するものが想像しにくいです．そこで，本例のような課題は「分類問題」ではありますが，実際に行うのは確率の「予測」とするのが合理的です．

一般に，分類問題の場合，どのクラスに属すかを直接予測する場合と，本章のように確率を「予測」する場合の2種類があります．前者は，パターン認識の課題といえます．わかりやすい一例は，写真を見て「犬」か「猫」かを判定するといった課題です．その課題の場合には「外れ」は端的に「外れ」です．それに対して，本章のような事例では，そうした端的な当たり外れで課題を捉えるのは不適切であり，確率の「予測」として捉えるのが妥当です．

ここまで何度か「予測」という語に引用符をつけて記しましたが，それは，確率自体は観測できないものだからです．観測できないものは，定義上，直接は予測の対象になりえないのです．ただし，この問題の目的変数（1か0をとる）を$Y$としたとき，それが1をとる確率は，期待値$E[Y]$に一致します．そのため，その「予測」は，目的変数の期待値を推測することと同じことです．したがって，ここでの「予測」の問題は，これまで説明してきた回帰問題と同様の予測の問題として捉えることができます．特に，予測誤差といったものも考えることができます．

さて，実際の観測値を$y$（1か0をとる），予測した確率を$\hat{y}$と書くとき，

「誤差」に相当するものとしては，

$$-2\{y\log\hat{y}+(1-y)\log(1-\hat{y})\}=\begin{cases}-2\log\hat{y} & (y=1)\\ -2\log(1-\hat{y}) & (y=0)\end{cases}$$

というものが提案されています．$\hat{y}=0$ と予測して実際に 0 の場合と，$\hat{y}=1$ と予測して実際に 1 の場合だけ，この「誤差」の値は 0（ただし，これらの場合に予測を外すと「誤差」は正の無限大）となり，その他の場合は，実際の観測値がどちらであっても何らかの正の値になります．予測した観測対象についてこの値の平均をとったものは，「ベルヌーイ逸脱度」といい，すでに 2.7 節で紹介していました．ベルヌーイ逸脱度を 2 で割ったものは Log Loss とよばれ，予測精度の尺度によく使われている，ということもそのときに紹介しました．

このベルヌーイ逸脱度を使えば，予測モデルどうしを比較することが可能です．実際，真の確率が $p$ である対象について，その確率を $\hat{y}$ と推定したモデルのベルヌーイ逸脱度の期待値は，

$$-2\{p\log\hat{y}+(1-p)\log(1-\hat{y})\}$$

となりますが，その値は $\hat{y}=p$ のとき，つまり，予測が完全に正しいときに最小となります．そして，予測する対象が多ければ，その全体のベルヌーイ逸脱度は全体の期待値にほぼ近くなると考えれますので，予測する対象が十分多ければ，ベルヌーイ逸脱度が小さいほうが予測が正確だと解釈できる，というわけです．

ベルヌーイ逸脱度は，確率モデルの考え方に合っているので，リスクを扱うための予測モデリングにも適ったものといえます．ただし，誤差の大小の比較にはよくても，計算した結果の値の水準については感覚的なことが述べにくく（たとえば，0.5 という結果が出たとき，どれだけ精度の高い予測なのかは一般には何ともいえない），その点ではわかりにくいかもしれません．

計算例のために，`train` データ全体のうちで事項が有の割合を，すべての対象に対する一律の予測値とするモデル（一種の切片モデル）を考え，そのモデルを `hold.out` データにあてはめた場合のベルヌーイ逸脱度を計算する

と以下のとおりです．まず，ベルヌーイ逸脱度（Bernoulli deviance）を計算する関数 berDev を用意します．

```
1  berDev <- function(y, yhat) {
2    -2 * mean(ifelse(y == 0, log(1 - yhat), log(yhat)))
3  }
```

このコードで使っている ifelse という関数は，

ifelse("TRUE"か"FALSE"を返す式，計算式 1，計算式 2)

という形をしており，最初の引数の値が TRUE なら計算式 1 の値を返し，FALSE なら計算式 2 の値を返します．

いま考えている単純なモデルの予測値 pred は，一律，次の値です．

```
1  (pred <- sum(train$ClaimOcc) / nrow(train))
```

```
[1] 0.0683408
```

したがって，この場合の逸脱度は次のとおりとなります．

```
1  cat(" Deviance =",
2      mean.dev <- berDev(hold.out$ClaimOcc, pred))
```

```
 Deviance = 0.494545
```

次に，AUC という別の尺度を紹介します．AUC という尺度は，その値が 1 のときは（この尺度において）完璧な予測であり，値が 0.5 の場合は，まったくランダムな予測であり，（予測しているのに結果が 0.5 未満になるのはかなり異常ながら，仮に）0.5 未満ならランダムに予測したよりも悪い予測である，と一般にいうことができます．

**AUC**（Area Under the Curve）の字義をいえば，「曲線の下の面積」です．その曲線とは **ROC 曲線**（Receiver Operating Characteristic Curve）のことです．「ROC」は，ここでの文脈とはまったく別の分野に由来する名前なので，その字義の説明は省略します．

ROC 曲線は，2 値分類のための標本とそれにあてはめる予測モデルとの組に対して定義されます．その描き方は以下のとおりです．期待値のとりうる値の範囲内の値 $\theta$ について，予測モデルの予測による期待値が $\theta$ よりも大きい対象は陽性（本例の場合「事故あり」）と判定するとしたとき，実際には「事故なし」だった対象のうちで陽性と判定された対象の割合（**偽陽率**，False Positive Rate）を $\mathrm{FP}(\theta)$，実際には「事故あり」だった対象のうちで陽性と判定された対象の割合（**真陽率**，True Positive Rate）を $\mathrm{TP}(\theta)$ とし，この1個の $\theta$ に対応して，$x$ 座標が $\mathrm{FP}(\theta)$，$y$ 座標が $\mathrm{TP}(\theta)$ の点を1個プロットします．これを $\theta$ のとりうる値すべてに対して行ったのがROC曲線です（真陽性，偽陽性といった概念については図9.1参照）．

| | | 予測値 | |
|---|---|---|---|
| | | 陽性（事故有） | 陰性（事故無） |
| 真値 | 実際に事故有 | 真陽性<br>True Positive | 偽陰性<br>False Negative |
| | 実際に事故無 | 偽陽性<br>False Positive | 真陰性<br>True Negative |

**図9.1**　混同行列

例を示すために，観測期間 `Exposure` をそのまま予測値とする予測モデル（本データの場合，`Exposure` はすべて0と1の間に収まっているので，期待値の予測値として用いても，直接の不都合はありません）を考えます．現実には「とりうる値すべて」はプロットできないので，$\theta$ を0から1までの間で0.01刻みとし，上に述べたとおりのやり方で `hold.out` データを標本としてROC曲線（図9.2）を描くと次のとおりです．

```
1  Pos <- hold.out$Exposure[hold.out$ClaimOcc == 1]
2  Neg <- hold.out$Exposure[hold.out$ClaimOcc == 0]
3  fp <- function(theta) sum(Neg > theta)/ length(Neg)
4  tp <- function(theta) sum(Pos > theta)/ length(Pos)
5  for(theta in seq(0, 1, 0.01)){
6    plot(x = fp(theta), y = tp(theta),
7         xlim = c(0, 1), ylim = c(0, 1))
8    par(new = TRUE)
9  }
10 par(new = FALSE)
```

こうして描いたROC曲線の下の面積がAUCです．もちろん，いまのコー

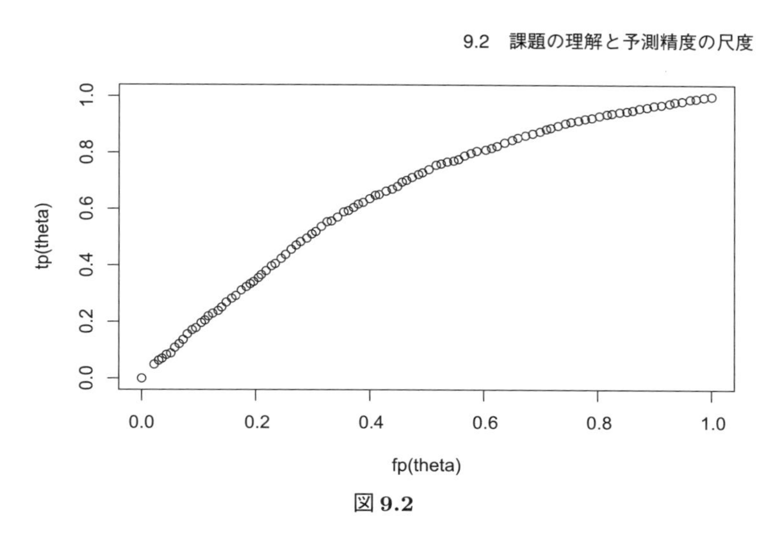


図 **9.2**

ドはROC曲線とAUCの理解のために記したものであり，実際には，ROC用のパッケージを利用してコードを書けば十分でしょう．ROCRパッケージを利用したコードの一例は次のとおりです（図9.3．参考のために，点線（dotted）で$y=x$の線も描いています）．

```
1  library(ROCR)
2  preds <- prediction(hold.out$Exposure, hold.out$ClaimOcc)
3  perf <- performance(preds, "tpr", "fpr")
4  exposure.auc <- performance(preds, "auc")@y.values[[1]]
5  plot(perf,
6       main = paste("AUC =", round(exposure.auc, 5)))
7  curve(identity, lty = "dotted", add = TRUE)
```

ここではROCRパッケージのprediction関数とperformanceという関数の特殊な機能を使っています．本書では以下の用法だけ登場します．

ホールドアウトデータに対する確率の予測値ベクトル（上の例だとhold.out$Exposure）をpredとし，正解ベクトル（本章だと一貫してhold.out$ClaimOcc）をactとするとき，

```
preds <- prediction(pred, act)
```

で作られるpredsは，同パッケージ内で基礎的な役割を果たすオブジェクトとなります．そして，

```
perf <- performance(preds, "tpr", "fpr")
plot(perf)
```

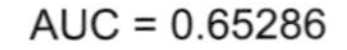


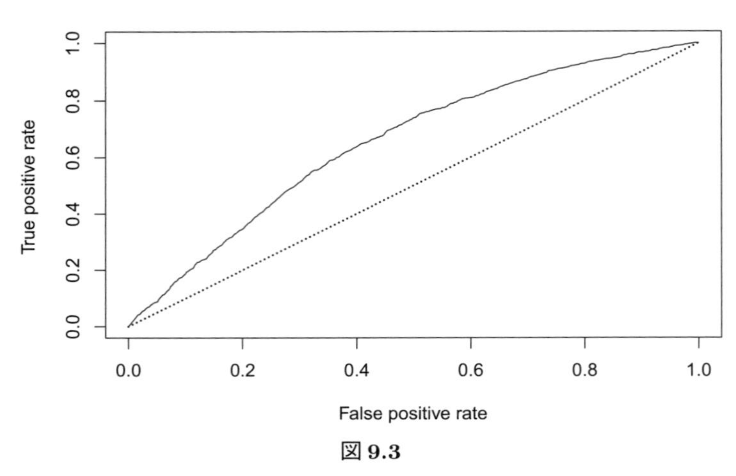


図 **9.3**

とすれば，ROC曲線が得られ，

`performance(preds, "auc")@y.values[[1]]`

とすればAUCが得られます．

こうしてもっともらしいROC曲線とAUCが求まりましたが，ここで例として用いた予測モデル（Exposureをそのまま期待値とするもの）は，期待値の大きさそのものの予測モデルとしてはまったくでたらめであることにご注意ください．AUCは，リスクが高いものを高いと予測し，低いものを低いと予測しているか，という「順番」だけを考慮するものに実質的にはなっているため，その順番の予測が的確であれば，予測値の水準はまったくずれていても，予測の成績はよかったとされます．

たとえば，逸脱度の計算例で用いた「切片モデル」（これは順序はまったく与えていません．予測値はpred = 0.0683408でした）のAUCを計算させると，予測値の平均的な水準としては的確にもかかわらず，次のとおり，何も予測していないのと同じ「0.5」という結果となります．

```
1  performance(prediction(rep(pred, nrow(hold.out)),
2                         hold.out$ClaimOcc),
3              "auc")@y.values[[1]]
```

```
[1] 0.5
```

その一方，すぐ上で見た（Exposureをそのまま期待値とする）予測モデルは，AUCの値は「切片モデル」よりもずっと好成績でしたが，逸脱度で見ると，次のように「切片モデル」の値0.494545よりもずっと悪くなっています．

```
1  berDev(hold.out$ClaimOcc , hold.out$Exposure)
```

```
[1] 1.845979
```

このように，モデルを逸脱度で比較した場合と結果が大きく違う可能性のあるAUCが，どうして予測精度を測るのに役立つのでしょうか．

本事例のような2値の分類問題の場合，両立の難しい2つのことを目指そうとします．1つは，偽陽率（本事例の場合，事故なしを「事故あり」と予測する割合）を下げることです．もう1つは，真陽率（事故ありを「事故あり」と予測する割合）を上げることです．両者の両立を単純に目指すことはできません．前者の目的のためには，「事故あり」と予測するのを減らせばよいです．後者の目的のためには，「事故あり」と予測するのを増やせばよいです．そのため，異なったモデルの予測を比較するのであれば，たとえば，偽陽率を固定したうえで，真陽率の高いモデルのほうを「よし」とする必要があります．とはいえ，特に基準とすべき偽陽率が一般にあるわけではありません．そこで，あらゆる偽陽率を考慮したときに，真陽率が平均的に高いモデルのほうを「よし」とする方法が考えられ，それがまさしくAUCを尺度とする方法です．

したがって，たしかにAUCは，分類問題に対する予測モデルの優劣を測るために大変便利な尺度です．実用上も大変重宝されます．特にビジネス上は，リスクの水準を当てることよりも，リスクの高さの順番を精度よく当てるほうが価値がある（たとえば，前者は，極論をすれば，適当に安全割増をしておけば済む一方，後者はビジネス上の戦略に結びつけやすい）という場面も多くあります．

とはいえ，すでに述べたようにAUCは，確率の予測の精確性そのものを測るものとはなっていません．実際の場面において，（確率の予測の精確性を測る）ベルヌーイ逸脱度と（分類問題に対する性能を測る）AUCのうちどちらを重視すべきかについては，予測の目的等に依存します．

ところで，本事例のような「確率」の予測の場合，AUCは現実的にはどれくらいの値まで達成する可能性があるでしょうか．簡単な事例で考えてみます．たとえば，各対象の事故発生の真の確率は，互いに独立に0から$c$の間（$c$はたとえば0.2）の一様分布に従っている場合で考えてみましょう．このとき，真の確率を完璧に推定できたと（現実の問題の場合には，誰にも確かめられませんが，仮想的に）考えてみます．それでも，AUCは1とはなりません．実際には，リスクの高い順に事故が発生するということはなく，確率的にしか事故は発生しないからです．

そこで，いま述べた意味で予測が完全だったとした場合に達成できるAUCの期待値を計算してみると，細かい説明は省略しますが，以下のとおりです．

$0 \leqq z \leqq 1$について，確率が高いほうから上位$z$までの対象（たとえば，$z=0.1$なら上位1割の対象）を陽性と判定した場合の偽陽率の期待値$\mathrm{EFP}(z)$と真陽率の期待値$\mathrm{ETP}(z)$は（実は）それぞれ

$$\mathrm{EFP}(z)=\frac{z\left\{1-\frac{c}{2}(2-z)\right\}}{1-\frac{c}{2}}, \qquad \mathrm{ETP}(z)=2z-z^2$$

となります．したがって，（実は）

$$\begin{aligned}\text{AUCの期待値} &= \int_0^1 \mathrm{ETP}(z)\frac{d\mathrm{EFP}(z)}{dz}dz \\ &= \int_0^1 \frac{2(2z-z^2)(1-c+cz)}{2-c}dz = \frac{8-3c}{12-6c}\end{aligned}$$

となります．

この「予測が完璧な場合に達成するAUCの期待値」を$0<c<1$についてプロットすると次のとおりです（図9.4．参考のために，高さが0.7のところに水平線も引いています）．

```
1 expectedAUC <- function(c) {(8 - 3 * c) / (12 - 6 * c)}
2 plot(expectedAUC, from = 0, to = 1, ylim = c(0.5, 1),
3      xlab = "c")
4 abline(h = 0.7, lty = "dotted")
```

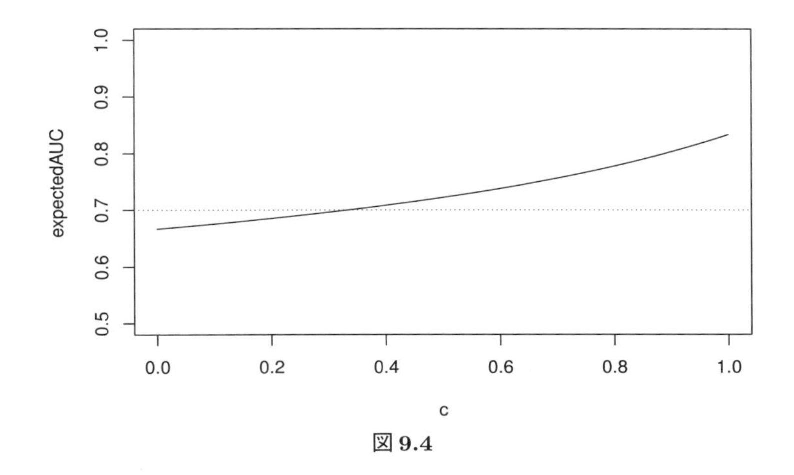


図 **9.4**

以上はごく簡単な考察ですが，AUC が（たとえば）0.7 を超えるためには，もともと対象の確率に大きな較差があり，なおかつ，それを的確に当てないといけないということは想像がつくかと思います．リスクを扱うための予測モデリングでは，結果としての予測誤差の大小を議論するだけでなく，(本書では詳しく扱えないものの）以上で見たような「メタレベル」の理解や議論も大切です．

ここまでで，データのごく基本的な前処理は済ませ，本章の課題や予測精度の尺度の紹介もしたので，次は，有効と思われる特徴量加工や EDA を本来は行うべきです．しかしながら，ここでは，確率の予測に基づく分類問題のモデリングに特徴的なことを主に伝えたいため，そうした過程は飛ばして，次節からいきなりモデル構築を進めていくこととします．また，その際，モデリングの細部の検証も行いませんが，ここでは，多くの手法を手際よく紹介することが主眼であることをご理解ください．

## 9.3 ●●● ロジスティック回帰

本事例のような確率の予測を行う分類問題の場合，ロジスティック回帰を行うのが代表的な選択肢の1つです．**ロジスティック回帰**はGLMの一種として捉えることが可能で，その場合は「分布を2項分布とし，リンク関数をロジット関数としたGLM」と簡潔に表現することができます．

**ロジット関数**は，

$$\mathrm{logit}(p) = \log\left(\frac{p}{1-p}\right), \quad 0 < p < 1$$

という式（通常，$p$は確率を表す）で表され，その逆関数は**（標準）ロジスティック関数**とよばれ，

$$\mathrm{logistic}(x) = \mathrm{logit}^{-1}(x) = \frac{1}{1+e^{-x}}$$

という式で表されます．ロジット関数のグラフを描くと図9.5のとおりです．

```
1  curve(log(x / (1 - x)), from = 1e-10, to = 1 - 1e-10)
```

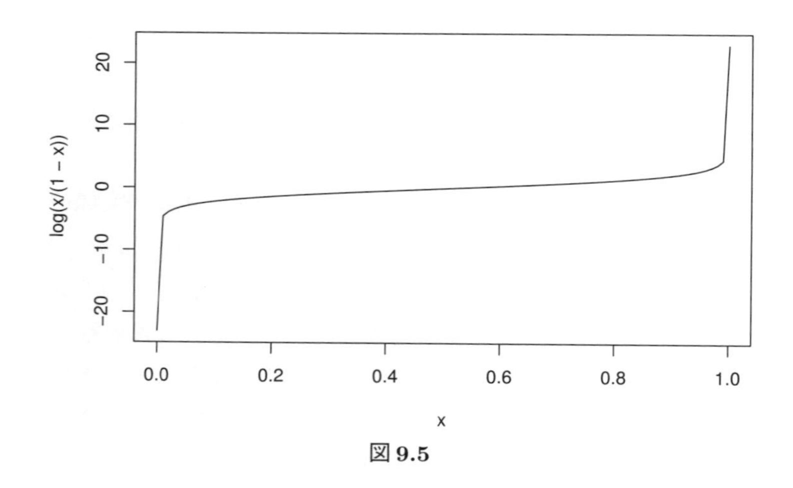


図9.5

値域が$-\infty < \mathrm{logit}(p) < \infty$となっているところが1つのミソで，ロジスティック回帰モデルでは，0と1の間をとる（たいていは確率を表す）目的

変数 $Y$ の期待値 $\hat{y}$ のロジット関数を

$$\mathrm{logit}(\hat{y}) = \log\left(\frac{\hat{y}}{1-\hat{y}}\right) = \beta_0 + \beta_1 x_1 + \cdots + \beta_p x_p$$

というように線形表現で表します．

本事例の場合，データセットの最初の6つの特徴量を説明変数としてロジスティック回帰モデルを作れば，次のとおりです．

```
1  model <-
2    glm(ClaimOcc ~ ., data = train[1:7],
3        family = binomial(logit))
```

glm関数では，family = binomialの場合のデフォルトのリンク関数はlogitなので，上記の(logit)の部分は省略可能です．このモデルだと，(予測の) 逸脱度とAUCは次のとおりです．

```
1  pred <-
2    predict(model, newdata = hold.out, type = "response")
3  cat(" Deviance(hold.out) =",
4      logistic.dev <- berDev(hold.out$ClaimOcc, pred),
5      "\n AUC(hold.out) =",
6      logistic.auc <-
7        performance(prediction(pred, hold.out$ClaimOcc),
8                    "auc")@y.values[[1]])
```

```
Deviance(hold.out) = 0.4750996
AUC(hold.out) = 0.6599193
```

比較のために，学習データに適合させたときの逸脱度とAUCも示しておきます．

```
1  pred <-
2    predict(model, newdata = train, type = "response")
3  cat(" Deviance(train) =",
4      berDev(train$ClaimOcc, pred),
5      "\n AUC(train) =",
6      performance(prediction(pred, train$ClaimOcc),
7                  "auc")@y.values[[1]])
```

```
Deviance(train) = 0.4785664
AUC(train) = 0.6611428
```

ホールドアウトの結果と学習データの結果とに差があまりないことに着目してください．これはこのモデルが過剰適合していないことを示唆しています．

GLM（ロジスティック回帰）についてのもっともらしい結果をここまで示しましたが，本章の最初のほうですでに述べたように，観測期間 Exposure をこのように説明変数に入れてしまってよいのかは疑問です．あとで見るポアソン回帰の場合であれば，観測期間の対数をとったものを「オフセット項」とするのが標準です．ロジスティック回帰でこうした観測期間がある場合，汎用的な GLM をそのまま使って処理するための標準的な方法はありません（きちんと対応するには，GLM でない方法で最尤法を実行するなどの込み入った対処が必要であり，本書では紹介しません）．

このことに関しては，次の 2 点のまったく違った方向の注意を述べておきます．1 つは，実際に設定している説明変数などが，採用しているモデルが想定している確率上のモデルと合っているか，合っていないとすればどう合っていないのかなどに配慮することは大事だ，ということです．たとえば，（実は）本事例に確率モデルをあてはめるときの 1 つの自然な想定は「事故はポアソン過程に従う」とするものですが，だとすれば，説明変数の中に観測期間を単純に含めることは，（実は）自然な想定と整合的ではなく，安易に行うべきではありません．もう 1 つの注意は，ある意味では，いま述べたばかりのことに対立しますが，想定される確率モデルといっても絶対的なものでなく，もともとモデル作成者が想定したものであって，真のモデルであるという保証はないのだから，自分の想定したモデルに縛り付けられて，せっかくの汎用的なツールをすぐに手放す必要はない，ということです．一般に，実際の環境に合わせて，現実的に実行可能なモデルを選択していくのが合理的です．

話を戻して，上で作ったロジスティック回帰モデルにおいて各説明変数がしっかりと寄与しているかを見てみましょう．読者は，次のようにしてこのモデルの summary をご覧ください（本書では紙幅の都合上，出力は省略します）．

```
1  summary(model)
```

その summary の中には，このモデルの回帰係数についての次の情報が示されています．

```
Coefficients:
                             Pr(>|z|)
(Intercept)                  6.17e-11 ***
Exposure                      < 2e-16 ***
VehValue                     0.078360 .
VehAgeoldest cars            0.274703
VehAgeyoung cars             0.014763 *
VehAgeyoungest cars          0.863048
VehBodyConvertible           0.027272 *
VehBodyCoupe                 0.112475
VehBodyHardtop               0.035687 *
VehBodyHatchback             0.014733 *
VehBodyMinibus               0.009991 **
VehBodyMotorized caravan     0.530056
VehBodyPanel van             0.018538 *
VehBodyRoadster              0.422227
VehBodySedan                 0.015402 *
VehBodyStation wagon         0.014261 *
VehBodyTruck                 0.014085 *
VehBodyUtility               0.003216 **
GenderMale                   0.511596
DrivAgeolder work. people    0.000963 ***
DrivAgeoldest people         0.693764
DrivAgeworking people        0.000113 ***
DrivAgeyoung people          4.91e-07 ***
DrivAgeyoungest people       1.34e-11 ***
---
Signif. codes:
0 '***' 0.001 '**' 0.01 '*' 0.05 '.' 0.1 ' ' 1
```

この中で Exposure に注目すると，その行の右端には「***」と 3 つのアスタリスクが並んでいます．この表記があるということは，この変数をモデルに組み込むことは統計学的に見て大いに意味があると考えられる，ということです．もう少し正確にいうと，この変数をモデルに入れたほうが入れないときよりもモデルの適合度は上昇しますが，その上昇度合いを考えたとき，「本当は寄与がないにもかかわらず，偶然によってそれだけ上昇するという確率（$p$ 値）は非常に低い（この例では $p$ 値は $2 \times 10^{-16}$ 未満）と統計学上は想定される」ということです．こうして，この Exposure は，説明変数として大いに有効であることが統計学的に示唆されています．そこで，以下のモデルでも，Exposure は説明変数の中に入れておくことにします．

## 9.4 ●●● ランダムフォレスト

次に，前章でみた事例（パターン認識に近い事例でした）では GLM 系のモデルよりもずっと予測誤差が小さかったランダムフォレストを試してみましょう．randomForest::randomForest 関数をデフォルトでこのデータにあてはめると次のとおりです．

```
1  library(randomForest)
2  set.seed(SEED)
3  model <-
4    randomForest(as.factor(1 - ClaimOcc) ~ .,
5                 data = train[1:7])
```

いま扱っているのは分類問題なので，目的変数は as.factor 関数を使って（数値型でなくて）因子型（factor 型，質的変数）にしています．ここでもし as.factor(ClaimOcc) としていると，最初のレベルつまり ClaimOcc = 0 のほうの確率を出してしまうので，ClaimOcc でなくて 1 - ClaimOcc としています．説明変数は，上の GLM と同じ 6 つを指定しています．

予測の結果（ホールドアウトデータの最初の 6 つの観測対象の予測値（確率）と，ホールドアウトデータ全体の逸脱度）は次のとおりです．

```
1  pred <- predict(model, newdata = hold.out, type = "prob")
2  head(pred)
3  cat(" Deviance =",
4      RF.dev <- berDev(hold.out$ClaimOcc, pred[, 1]))
```

```
       0     1
3  0.054 0.946
5  0.028 0.972
10 0.014 0.986
16 0.016 0.984
19 0.000 1.000
22 0.046 0.954
 Deviance = Inf
```

逸脱度は無限大になってしまいました．これは，次のとおり，観測値が 1 で，かつ（&），確率を 0 と予測してしまったものがあった（その個数は 30）からです．

```
1 sum(hold.out$ClaimOcc == 1 & pred[, 1] == 0)
```

```
[1] 30
```

AUCはどうでしょうか.

```
1 cat(" AUC =",
2     RF.auc <-
3       performance(preds <-
4                     prediction(pred[, 1], hold.out$ClaimOcc),
5                   "auc")@y.values[[1]])
```

```
 AUC = 0.5943992
```

これは，Exposureをそのまま予測値としたモデルよりも悪い結果です.

同じランダムフォレストでもranger::ranger関数ではどうでしょうか. これもまずはデフォルトのままあてはめてみます.

```
1  library(ranger)
2  set.seed(SEED)
3  model <- ranger(as.factor(1 - ClaimOcc) ~ .,
4                  data = train[1:7],
5                  probability = TRUE)
6
7  pred <-
8    predict(model, data = hold.out, verbose = 0)$predictions
9  head(pred)
10 cat(" Deviance =",
11     ranger.dev <- berDev(hold.out$ClaimOcc, pred[, 1]),
12     "\n AUC =",
13     ranger.auc <-
14       performance(preds <-
15                     prediction(pred[, 1],
16                                hold.out$ClaimOcc),
17                   "auc")@y.values[[1]])
```

```
              0         1
[1,] 0.08074964 0.9192504
[2,] 0.06284733 0.9371527
[3,] 0.05097824 0.9490218
[4,] 0.05282545 0.9471745
[5,] 0.01855303 0.9814470
[6,] 0.06904870 0.9309513
 Deviance = 0.4934762
 AUC = 0.6240247
```

今度は逸脱度は無限大となりませんでしたが，GLMよりは予測誤差が大きいです．AUCもrandomForestの場合より少しよくなりましたが，まだ，たんにExposureを予測値としたモデルよりも悪い結果です．

ここで，学習データにこのモデルをあてはめたときの逸脱度とAUCも見ておきましょう．

```
1  pred <- predict(model, data = train)$predictions
2  cat(
3    " Deviance(train) =",
4    berDev(train$ClaimOcc, pred[, 1]),
5    "\n AUC(train) =",
6    performance(preds <-
7                  prediction(pred[, 1], train$ClaimOcc),
8                "auc")@y.values[[1]])
```

```
 Deviance(train) = 0.2828016
 AUC(train) = 0.9976692
```

きわめて小さい逸脱度と極端に大きなAUCとなっています．これは，このモデルが大きく過剰適合していることを示しています．

このように，本事例の場合には，ランダムフォレストは（少なくともデフォルトでは）予測性能はよくありません．実のところ，一般にも，確率の予測問題のような「ノイズ」の大きい問題では，パターン認識のときに見せていた（GLM系のモデルよりもはっきりと優位であった）予測性能は必ずしも発揮されません．

ただし，手間をかけてチューニングすれば，（相対的に）高い予測精度のモデルを作ることができる場合もあります．たとえば，本事例のtrainデータのみを参照して筆者がチューニングして作った次のモデルは，hold.outデータに対しても大変好成績でした．

```
1  set.seed(SEED)
2  model <- ranger(as.factor(1 - ClaimOcc) ~ .,
3                  data = train[1:7],
4                  probability = TRUE,
5                  num.trees = 2000,
6                  mtry = 3,
7                  min.node.size = 1,
8                  max.depth = 4,
9                  sample.fraction = 0.3,
10                 verbose = 0)
11
```

```
12  pred <- predict(model, data = hold.out)$predictions
13
14  cat(" Deviance =",
15      tuned.ranger.dev <-
16        berDev(hold.out$ClaimOcc, pred[, 1]),
17      "\n AUC =",
18      tuned.ranger.auc <- performance(
19        preds <- prediction(pred[, 1], hold.out$ClaimOcc),
20        "auc")@y.values[[1]])
```

```
Deviance = 0.4748227
AUC = 0.6614035
```

学習データにこのモデルをあてはめたときの逸脱度とAUCは次のとおりでした.

```
1  pred <- predict(model, data = train)$predictions
2  cat(" Deviance(train) =",
3      berDev(train$ClaimOcc, pred[,1]),
4      "\n AUC(train) =",
5      performance(
6        preds <- prediction(pred[, 1], train$ClaimOcc),
7        "auc")@y.values[[1]])
```

```
Deviance(train) = 0.475638
AUC(train) = 0.6718393
```

この数値からして，このモデルは，チューニングによって見事に過剰適合から免れているように見えます．関心のある読者向けに，デフォルトの場合とのハイパーパラメータの違いについて少しコメントしておくと次のとおりです．

mtry（それぞれの木を作るときにランダムに選ばれて使用される説明変数の数）はデフォルトが2に対し，チューニング後は3であり，min.node.size（端のノードに含まれる観測対象の最少数）は10に対し1であり，max.depth（木の深さ）の最大値は「制限なし」に対して4であり，sample.fraction（それぞれの木を作るときに用いる標本を学習データから復元抽出する割合）は1に対し0.3でした．このうち，過剰適合となることを特に防いでいるのは，max.depthを4としている点です（最初の2つのハイパーパラメータは，むしろ，より適合するように働いています）．

チューニングを施したrangerのこのモデルはうまくいったので，あとでほかのモデルの結果と比較するために，モデルに名前をつけてとっておくことにします．

```
1  tuned.ranger.model <- model
```

以上のように，ノイズの大きいデータに対しても，ランダムフォレストによって高い予測精度を実現することは不可能なわけではありません．しかしながら，（XGBoostほどではないにしても）チューニングの計算負荷は大きく，また，そのためもあって，こうして作ったモデルが本当に適正に作られたものであることを説明するのは困難であることは，あらためて強調しておきましょう．

## 9.5 ●●● ポアソン回帰

ロジスティック回帰では，観測期間の取り扱いに議論の余地が大きくありました．その点，ポアソン回帰の場合には，観測期間に関する標準的な取り扱いが定まっています．**ポアソン回帰**はGLMの一種としても捉えられ，その場合は，「分布をポアソン分布としたGLM」と簡潔に表現することができます．そして，自然なリンク関数は対数関数であり，実際に対数関数を採用した場合には（22ページで説明したように）各説明変数の影響が乗法的に表現できるので，実用上のモデルとして好都合です．

ポアソン分布は，次の式で表される確率関数をもつ分布で，件数の分布を表すものとして，最も単純で基本的なものです．

$$f(k) = e^{-\lambda}\frac{\lambda^k}{k!}, \qquad k = 0, 1, \ldots$$

そのため，もしポアソン回帰がうまくあてはまるとしたら，いろいろなことへの応用が（実は）簡単に展開できます．モデルができあがってからのそうした応用面を考えても，ほかの点（たとえば予測精度）であまり違いがないならば，こうした単純なモデルを採用することが実務上は有効です．

ところで，本章の課題は，分類のために確率の予測を行うというものでした．それなのにポアソン回帰でよいのでしょうか．実は，本データの場合は事故件数（ClaimNb）をもっていました．そのためポアソンパラメータ $\lambda_i$（$i$ は観測対象の通し番号）の推定ができます．そして，（観測値の）期待値の推定値 $\hat{y}$ は（実は）

$$\hat{y}_i = 1 - e^{-\lambda_i}$$

と書くことができます．したがって，ポアソン回帰を行えば必要な予測値も得られるので，それで十分だということになります．

観測期間（Exposure）についてはどうでしょう．1つの自然な想定のもとでは，ポアソンパラメータ $\lambda_i$ は観測期間 $t_i$ に比例します．したがって，もし単位期間に対応するポアソンパラメータ $\mu_i$ が，観測期間以外の特徴量で説明がつくとすれば，その推定値を $\hat{\mu}_i$ としたとき，目的変数の推定値 $\hat{\lambda}_i$ は

$$\hat{\lambda}_i = \hat{\mu}_i t_i$$

と書けるので，対数リンクの場合のポアソン回帰では，

$$\log(\hat{\lambda}_i) = \log(\hat{\mu}_i t_i) = \log(\hat{\mu}_i) + \log(t_i) = (t_i\text{以外の特徴量の線形表現}) + \log(t_i)$$

となります．この $\log(t_i)$ の項は，対象ごとには異なるけれども回帰係数にはよらない項なので，**オフセット項**と称して別途処理するのがうまい方法と考えられています．

この標準的な処置を本事例でも採用すれば，モデルは次のとおりとなります．

```
1  model <- glm(ClaimNb ~ . - Exposure,
2               offset = log(Exposure),
3               data = train[c(1:6, 8)],
4               family = poisson)
5
6  cat(" AIC =", AIC(model))
```

```
AIC = 26239.24
```

このあとに見るモデルとの比較のため，AIC（小さいほどよい）を出しておきました．ホールドアウトデータにあてはめたときの結果は次のとおりです．

```
1  pred <-
2    1 - exp(-predict(model, newdata = hold.out,
```

```
3                      type = "response"))
4
5  cat(" Deviance(hold.out) =",
6      berDev(hold.out$ClaimOcc, pred),
7      "\n AUC(hold.out) =",
8      performance(prediction(pred, hold.out$ClaimOcc),
9                  "auc")@y.values[[1]])
```

```
Deviance(hold.out) = 0.4783804
AUC(hold.out) = 0.6611639
```

結果論ですが，上で見たロジスティック回帰のときより，逸脱度は劣り，AUCは改善しています．

このモデルは，自然な想定に適っているところが魅力です．ただし，「自然」な想定が有効とは限りません．たとえば，保険データの事故件数は，実際は保険金請求の件数となりますが，各対象についていえば，はじめての保険金請求は躊躇しがち（たとえば小さな損害の場合は請求しない）が2回め以降はそうでもない，ということが観察される場合があります．そのような場合には，ポアソンパラメータは観測期間に比例するという「自然」な想定は誤っていることになります．そのため，たしかに比例に近い正の相関はあるにしても，単純な比例と考える必然性はありません．また，観測期間そのものも，単位期間に対応するポアソンパラメータを推定するのに有効な情報をもっていないと想定すべきかは疑問です．

そこで，たとえば，ロジスティック回帰において大きな寄与をしたExposureも，比例に近い強い正の相関が期待できそうなlog(Exposure)も，両方とも説明変数に加えてしまうという次のようなモデルが考えられます．

```
1  model <- glm(ClaimNb ~ . + log(Exposure),
2                data = train[c(1:6, 8)],
3                family = poisson)
4
5  cat(" AIC =", AIC(model))
```

```
AIC = 26160.08
```

すぐ上で見たモデルよりもAICは小さくなっています．

さらに詳しい結果については，読者には summary(model) を直接見てもらうこととし，ここではその出力結果の一部だけ掲げておくと次のとおりです．

```
Coefficients:
                           Pr(>|z|)
(Intercept)                1.02e-05 ***
Exposure                   0.009491 **
VehValue                   0.088897 .
VehAgeoldest cars          0.463756
VehAgeyoung cars           0.003845 **
VehAgeyoungest cars        0.683398
VehBodyConvertible         0.027586 *
VehBodyCoupe               0.113564
VehBodyHardtop             0.019679 *
VehBodyHatchback           0.006647 **
VehBodyMinibus             0.005740 **
VehBodyMotorized caravan   0.516895
VehBodyPanel van           0.011204 *
VehBodyRoadster            0.671005
VehBodySedan               0.009329 **
VehBodyStation wagon       0.006944 **
VehBodyTruck               0.009844 **
VehBodyUtility             0.001281 **
GenderMale                 0.486364
DrivAgeolder work. people  0.000222 ***
DrivAgeoldest people       0.915891
DrivAgeworking people      3.26e-05 ***
DrivAgeyoung people        2.69e-08 ***
DrivAgeyoungest people     1.69e-11 ***
log(Exposure)               < 2e-16 ***
---
Signif. codes:
0  '***'  0.001  '**'  0.01  '*'  0.05  '.'  0.1  ' '  1
```

$p$ 値を見ると，Exposure も log(Exposure) も寄与が大きそうです．また，その前に述べたように，AIC も先のモデルよりも改善されています．そうした点からすると，予測の面では，Exposure を説明変数に加えたこのモデルのほうがすぐれていると期待できそうです．

このモデルをあてはめたときのホールドアウトでの結果は次のとおりです．

```
1  pred <-
2    1 - exp(-predict(model, newdata = hold.out,
3                     type = "response"))
4  cat(" Deviance(hold.out) =",
5      poisson.dev <- berDev(hold.out$ClaimOcc, pred),
6      "\n AUC(hold.out) =",
```

```
7       poisson.auc <-
8         performance(prediction(pred, hold.out$ClaimOcc),
9                     "auc")@y.values[[1]])
```

```
Deviance(hold.out) = 0.4752603
AUC(hold.out) = 0.661113
```

先ほどのポアソン回帰と比べて，AUCは変わっていないというべきでしょう．その一方，逸脱度はだいぶ改善されました（ただし，ロジスティック回帰の結果よりはわずかに劣っています．

## 9.6 ●●● 変数選択

前節で示したモデルは，質的変数のレベルや切片項も入れると説明変数が数十個あるので，説明変数選択も考えるべきでしょう．前節の最後に示したポアソン回帰にラッソ正則化を施せば次のとおりです．

```
1  library(glmnetUtils)
2  set.seed(SEED)
3  model <- cv.glmnet(
4    ClaimNb ~ VehValue + VehAge + VehBody + Gender + DrivAge
5    + Exposure + log(Exposure),
6    family = "poisson",
7    data = train,
8    alpha = 1,
9    lambda = 0.1 ^ seq(1, 7, length.out = 100)
10   )
11
12 (lambda.min <- model$lambda.min)
13
14 coef <- coef(model, s = lambda.min)
15
16 cat(" nzero =", sum(coef == 0))
```

```
[1] 0.000869749
 nzero = 8
```

ラッソの正則化により，説明変数候補のうち係数が0のものは8個（nzero = 8）となり，たしかに説明変数選択が行われました．

ホールドアウトデータにあてはめた結果は次のとおりです．

```
1  pred <- 1 - exp(-predict(object = model,
```

```
2                            s = lambda.min,
3                            newdata = hold.out,
4                            type = "response"))
5  cat(" Deviance(hold.out) =",
6      lasso.dev <- berDev(hold.out$ClaimOcc, pred),
7      "\n AUC(hold.out) =",
8      lasso.auc <-
9        performance(prediction(pred, hold.out$ClaimOcc),
10                   "auc")@y.values[[1]])
```

```
Deviance(hold.out) = 0.4749415
AUC(hold.out) = 0.6610461
```

結果として，AUCは少し悪くなりましたが，逸脱度は改善されました．

もう1つ，GAMも試してみましょう．本事例では，`Exposure`と`VehValue`が数値型の変数でしたので，それらに平滑化による非線形化を試してみる価値があります．`Exposure`と`log(Exposure)`を同時に非線形化するのは不自然なので，比例に近い形で効いていると想定される`log(Exposure)`のほうを残し，それに非線形化を施します．

```
1  library(mgcv)
2  model <- gam(
3    ClaimNb ~ s(VehValue) + VehAge + VehBody + Gender
4    + DrivAge + s(log(Exposure)),
5    data = train,
6    family = poisson
7    )
```

このGAMにより，2つの数値型特徴量がどのように非線形化されたかを見ると，次のとおりです（図9.6）．

```
1  plot(model, residuals = FALSE, se = FALSE, pages = 1 )
```

ホールドアウトデータにGAMのモデルをあてはめた結果は次のとおりであり，GAMは，本事例に対する予測精度の点ではかなり優位のようです．

```
1  pred <- as.vector(1 - exp(-predict(
2    model, newdata = hold.out,type = "response")))
3  cat(" Deviance(hold.out) =",
4      gam.dev <- berDev(hold.out$ClaimOcc, pred),
5      "\n AUC(hold.out) =",
6      gam.auc <-
7        performance(prediction(pred, hold.out$ClaimOcc),
8                    "auc")@y.values[[1]])
```

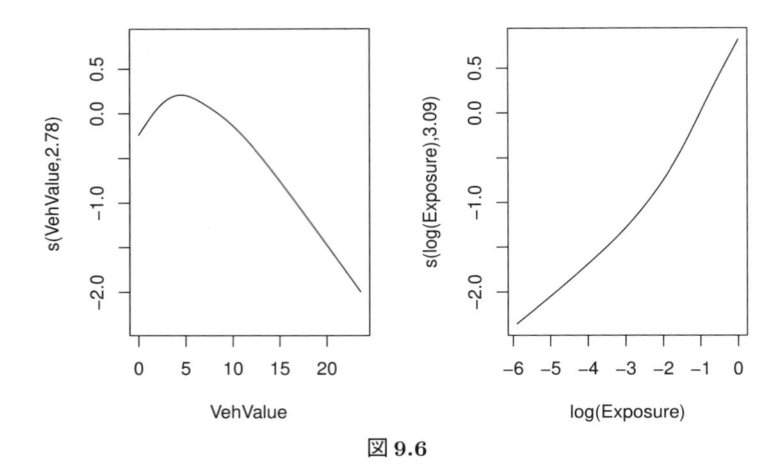


図 **9.6**

```
Deviance(hold.out) = 0.4747505
AUC(hold.out) = 0.6620496
```

以上で示してきたモデルどうしを，逸脱度とAUCの値で単純に比較するだけでは，モデルの優劣をきちんと見極めるには不十分ですが，とはいえ，参考のために，ここまでの主なモデルの結果を，成績の良い順に一覧にすると次のとおりです．

```
1  list(Deviance =
2         sort(c(mean = mean.dev,
3                Logistic = logistic.dev,
4                RF = RF.dev,
5                ranger = ranger.dev,
6                tuned.ranger = tuned.ranger.dev,
7                poisson = poisson.dev,
8                LASSO = lasso.dev,
9                GAM = gam.dev)),
10      AUC =
11        sort(c(Exposure = exposure.auc,
12               Logistic = logistic.auc,
13               RF = RF.auc,
14               ranger = ranger.auc,
15               tuned.ranger = tuned.ranger.auc,
16               poisson = poisson.auc,
17               LASSO = lasso.auc,
18               GAM = gam.auc),
19             decreasing = TRUE))
```

```
$Deviance
          GAM tuned.ranger         LASSO      Logistic
    0.4747505    0.4748227     0.4749415     0.4750996
      poisson       ranger          mean            RF
    0.4752603    0.4934762     0.4945450           Inf

$AUC
          GAM tuned.ranger       poisson         LASSO
    0.6620496    0.6614035     0.6611130     0.6610461
     Logistic     Exposure        ranger            RF
    0.6599193    0.6528574     0.6240247     0.5943992
```

### 練習問題

本章の乱数シードの値を変えて，結果がどう異なるか観察せよ．特に SEED <- 2019 としたとき，モデルの順位を記せ．

### 答え

SEED <- 2019 としたときは，次のとおりとなります．

```
$Deviance
          GAM        LASSO       poisson tuned.ranger
    0.4858226    0.4863310     0.4864087     0.4867101
     Logistic       ranger          mean            RF
    0.4881766    0.5050142     0.5078470           Inf

$AUC
          GAM tuned.ranger         LASSO       poisson
    0.6630450    0.6626952     0.6620654     0.6617866
     Logistic     Exposure        ranger            RF
    0.6597416    0.6562705     0.6256763     0.5894490
```

# むすび，読書案内，発展的話題

本書では，予測モデリングとは何かの説明からはじめて，リスクを扱うための予測モデリングにテーマを絞り，その基本概念や基本手順を一通り紹介しました．そして，統計ソフトRを用いた基本手順の実例を，R自体の入門的な解説も交えながら多くのページを割いて紹介しました．全体を通して，予測モデリングの基本作法の一般論については一通りのことがおさえられていると思います．

ただし，基本作法の理論面をよく理解するためには統計科学の基礎知識が必要であり，まえがきや本文中で断ったように，本書では，話の流れの上で不可欠なことがらを除いて，統計学の教科書に書いてある基本事項の説明は割愛しています．ですから，そうした知識が不足している場合は，読者自身に補ってもらう必要があります．また，データ入手の際に必要なデータ処理に関する基本事項も本書では十分に紹介していませんので，実践のためには，その部分の一般的な知識も，読者自身の置かれた環境や事前知識に応じて，おそらくはまずは書物などによって補ってもらう必要があります．

こうした点を除けば，一般論については，本書によっていったん卒業してもよいかもしれません．そして，今後は，予測モデリングの個別の実践に関わる事項の習得に進んでいってもらえればと思います．特に，EDAの技法にしても，採用したり利用したりするモデルの候補となる手法にしても，個別の手法に関することは，書物などから学べることも多いと思われます．

学ぶにあたり，特定の分野の技術への関心があらかじめあるならば，その分野の文献にあたればよいでしょう．そうでなくて，ともかく広くさまざまな手法を学んでみたい，といった場合について少しコメントします．

本書執筆時点では，「予測モデリング」というキーワードで手法をまとめた日本語の書籍はほとんどないようです．英語だと，predictive modeling（予測モデリング）や predictive analytics（予測分析）をタイトルに含む本は多数出ています．中でも，本書が主題とした「リスクを扱うための予測モデリング」を主題とする教科書として，Frees et al. (2014) と Frees et al. (2016) の 2 巻本があります（1 巻めは日本語訳もいちおう存在（2 巻めの日本語訳も近いうちに完成）し，日本アクチュアリー会の会員であれば申し込みにより閲覧できますが，一般の書店等で入手することはできません）．

その一方，「予測モデリング」等の言葉がキーワードとされていなくとも，機械学習，統計的学習，統計的機械学習などとよばれる分野の書物は，予測モデルの候補となる手法の知識を得るためには大いに参考になります．この分野で（原書が）定番の教科書だといわれてきたものには，ビショップ (2012a) およびビショップ (2012b) の 2 巻本（原書は 1 巻）と，Hastie ほか (2014) とがあります．また，このうちの後者の入門的姉妹本ともいえる James ほか (2018) は，『R による…』というタイトルからもわかるように R コードつきであり，本書の読者層にも大いに参考になると思います．

しかしながら，そうした分野の本を探しても，本書が主題とした「リスクを扱うための予測モデリング」にふさわしいものに絞って手法を幅広く紹介するものはほとんどないようです．実のところ，現時点で多数の本で紹介されているのは，パターン認識の課題にうまく対処できる手法が中心です．それに対し，リスクを扱うための予測モデリングにふさわしいように，不確定の度合いの高いデータに対して単純性を保ったまま高い予測精度が発揮できるモデルは，あまり紹介されていません．というよりも，そもそもそうしたモデルの開発は発展途上であり，まだまだ基本的なモデルから開発していく必要があるようです．

本書自体はといえば，基本作法を紹介し解説することを主眼としていたこともあり，やはり，リスクを扱うための予測モデリングに特化した手法を幅広くは紹介していません．ただし，本章のあとに設けた補章では，「不確定の度合いの高いデータに対して単純性を保ったまま高い予測精度を発揮するモデル」の一例として，AGLM というものを特別に紹介しています．本書の趣旨からするとこれは発展的話題です（それゆえ補章としました）が，幅広く使える有用なモデルの提案となっているとともに，リスクを扱うための予測モデリングには何が必要かを深く知るためのヒントにもなると思いますので，ぜひとも参考としてください．

# 第III部

# 補章と付録

# ハイブリッドな正則化GLMのパッケージ aglm の紹介

予測モデリングの手法は発達し，特にパターン認識の課題に対してはきわめて強力なモデルが開発されてきました．その一方，リスクを扱うための予測モデリングについて考えた場合，不確定の度合いの高いデータに対して，単純性を保ったまま高い予測精度を発揮するモデルは，まだまだ基本的なものから開発していく必要があると思われます．そこで，この補章では，そうした必要性から開発された基本的なモデルの一例として，AGLM というものを紹介します．

## 1 準備

本章で用いる乱数シードの番号を設定しておきます．

```
1  SEED <- 2018
```

以下の「準備」は，9章のR環境を保持している場合には不要です．

本章で示す実例をRで実行する場合，データとしては，9章に引き続き，ausprivauto0405 データセットから作った aus.df データフレームを使いますので，それがR環境に残っていない場合は，次の「方法1」と「方法2」のいずれかのコードを先に実行してください（実行方法の詳細は，必要に応じて9章冒頭をご参照ください).

方法1（CASdatasetsパッケージがインストールされている場合）：

```
1  library(CASdatasets)
2  data("ausprivauto0405")
3  aus.df <- ausprivauto0405
```

方法2（本書のサイトから入手したpm-bookファルダがRの作業ファイルになっている場合）：

```
1  load(file = "./data/ausprivauto0405.rda")
```

逸脱度を計算する関数berDevや，AUCの計算に必要なパッケージも用意しておきます.

```
1  berDev <- function(y, yhat) {
2    -2 * mean(ifelse(y == 0, log(1 - yhat), log(yhat)))
3  }
4  library(ROCR)
```

## 2 ●●● ニーズ

GLM，正則化GLM，GAMは，その単純性において優れていました．計算負荷も高くありません．その一方で，いくつも改善の余地がありました．

- GLMと正則化GLMは，数値型変数に対して個別に非線形性を表現する機能がなく，柔軟な表現力に欠ける面がありました.
- GAMは平滑化によって非線形性が表現できますが，平滑化の方法に選択肢が多く，統一的な取り扱いがしにくい面がありました.
- GLMとGAMは，特徴量が多くなったときの変数選択に難がありました.

以上の点からすると，単純な加法モデルの性質を維持しつつ，ある一定の基準に基づいて，非線形化も説明変数選択も同時に行ってくれる手軽なモデルがあれば，大変重宝だと考えられます．つまり，GAMのよさと正則化GLMのよさを合わせたようなモデルです.

実は，もう1つ別の種類のことでも，改善の余地がありました．9章のデータに含まれていた変数の例で具体的にいえば，VehAgeとDrivAgeは単なる質的変数として扱われていました．しかし，それぞれがとりうる値（レベル）を見ると，意味からして順序がつけられるものであり，それゆえそれらの変数は，質的変数の中でも**順序型**とよばれる種類の変数です．そこで，そうした順序の情報も有効活用できるモデルがほしいところです．

いま述べたような「単純な加法モデルの性質を維持しつつ，ある一定の基準に基づいて，非線形化も説明変数選択も同時に行ってくれ，また，順序型変数の順序の情報も有効活用できる手軽なモデル」は，実は，正則化と，数値型変数の自動的な離散化と，高速な最適化計算が可能な既存のパッケージの間接的利用という3つを組み合わせることで実現可能です．そして本章で紹介する**AGLM**は，実際にそれをRのパッケージaglmとして実装したものであり，もととなる基本的な考え方については藤田ほか(2019)をご参照ください．現在，https://github.com/kkondo1981/aglm/ から利用可能であり，具体的なインストール方法は後述します．

以下で順序型の変数を扱うため，次節に移る前に，VehAgeとDrivAgeとを順序型として（as ordered）扱うように変更するコードを実行しておきましょう．

```
1  ## VehAge
2  aus.df[, "VehAge"] <- as.character(aus.df$VehAge)
3  ord.map <-
4    c("oldest cars", "old cars", "young cars", "youngest cars")
5  for(om in ord.map) {
6    aus.df[aus.df$VehAge == om, "VehAge"] <-
7      which(ord.map == om)
8  }
9  aus.df[, "VehAge"] <- as.integer(aus.df$VehAge)
10 aus.df[, "VehAge"] <- as.ordered(aus.df$VehAge)
11
12 ## DriveAge
13 aus.df[, "DrivAge"] <- as.character(aus.df$DrivAge)
14 ord.map <- c("oldest people",
15              "old people",
16              "older work. people",
17              "working people",
18              "young people",
19              "youngest people")
20 for(om in ord.map) {
21   aus.df[aus.df$DrivAge == om, "DrivAge"] <-
```

```
22      which(ord.map == om)
23  }
24  aus.df[, "DrivAge"] <- as.integer(aus.df$DrivAge)
25  aus.df[, "DrivAge"] <- as.ordered(aus.df$DrivAge)
```

コードの中で which 関数が使われています．この場合の用法では，which(ord.map == om) の例でいえば，ord.map というベクトルの要素の中で om の値と一致するものはどれ（which）かを問うものです．その要素が何番めのものであるかを，数値で返します．

あとで行う「データの分割」の際に必要があるため，次も実行しておいてください．

```
1  set.seed(SEED)
2  hold.out.num <- sample(seq(nrow(aus.df)),
3                         round(nrow(aus.df) / 4))
4  aus.df["isHoldOut"] <- FALSE
5  aus.df[hold.out.num, "isHoldOut"] <- TRUE
```

## 3 ●●● AGLM の実行

本節では，AGLM を実際に実行してみます．AGLM を実行するには，一度，aglm パッケージを次のようにしてインストールする必要があります．

```
1  library(devtools)
2  install_github("kkondo1981/aglm", build_vignettes = TRUE)
```

インストールができたら，R 環境に取り込んでおきます．

```
1  library(aglm)
```

aglm では，高速な諸計算を実現するために，（使用者には見えないところで）glmnet パッケージを利用しています．そのためもあり，種々の書式は同パッケージに準じている場合が多く，同パッケージに慣れている人ならすぐに使えるでしょう．特に，中心となる関数は，

- aglm::aglm は glmnet::glmnet に対応し，
- aglm::cv.aglm は glmnet::cv.glmnet に対応しています．

ただし，関数 glmnet(x, y, ...) や cv.glmnet(x, y, ...) の x は行列でないといけなかったところが，aglm や cv.aglm はデータフレームでもよくなっており，特に，質的変数が含まれているときの前処理が簡単になっています．

本事例に AGLM を適用する際の入力用に，次のデータフレーム等を作っておきます．

```
1  aus.xy <- cbind(logExpo = log(aus.df[, 1]), aus.df[, c(1:8)])
2  train.x <- aus.xy[!aus.df$isHoldOut , 1:7]
3  hold.out.x <- aus.xy[aus.df$isHoldOut , 1:7]
4  train.y <- aus.xy$ClaimNb[!aus.df$isHoldOut]
5  hold.out.Occ <- aus.xy$ClaimOcc[aus.df$isHoldOut]
```

これで準備が整いました．

AGLM ではさまざまなモデルを作ることができます．いずれも，一般化加法モデルに正則化を施したものとよべるものです．

以下の例のモデルで指定する分布はポアソン分布とし，また，対数リンクとします．それ以外のほとんどの指定は，aglm のデフォルトのままとします．その場合，具体的には以下のとおりとなります．加法モデルとして表現したとき，数値型の各特徴量に対応する項は，**fused LASSO** とよばれる手法（Tibshirani et al. (2005)）と等価な効果と線形項の効果とを組み合わせた関数の項となります（結果としてどのような関数となるかは，あとで図 11.1 の中のグラフで例示されます）．因子型の各特徴量に対応する項は，形としては，GLM や GAM の場合と同様です．デフォルトでは，2 変数の積で表される交互作用項がモデルに含まれますが，そうなると単純性が減るので，本章では含まないように指定します．（デフォルトの）正則化はラッソ正則化となります．その正則化は，各特徴量（因子型の場合はダミー化した後の特徴量）の変数選択に使われるほか，数値型特徴量と（因子型のうちの）順序型特徴量に対して fused LASSO と等価な効果を施すのにも使われます．

実際に，説明変数の候補を前章のラッソの場合と同じにしてモデルを構築する実行例は，次のとおりとなります．実行には時間を要する場合があるのでご注意ください．

```
1   set.seed(SEED)
2   cv.model <- cv.aglm(
3     x = train.x,
4     y = train.y,
5     family = "poisson",
6     add_interaction_columns = FALSE,
7     alpha = 1,
8     lambda = 0.1 ^ seq(1, 4, length.out = 100)
9   )
10  (lambda.min <- cv.model@lambda.min)
```

```
[1] 0.001321941
```

add_interaction_columns = FALSE としているのは，cv.aglm（や aglm）は，デフォルトでは，2 変数の積で表される交互作用（interaction）項がモデルに含まれるので，その項を加え（add）ないように指定するためです．

できあがったモデルの各説明変数についての情報は，次のように plot 関数を使って容易に得られます（図 11.1．verbose = 1 とすると，より詳細な情報が得られます）．

```
1   plot(cv.model, s = lambda.min, verbose = 0)
```

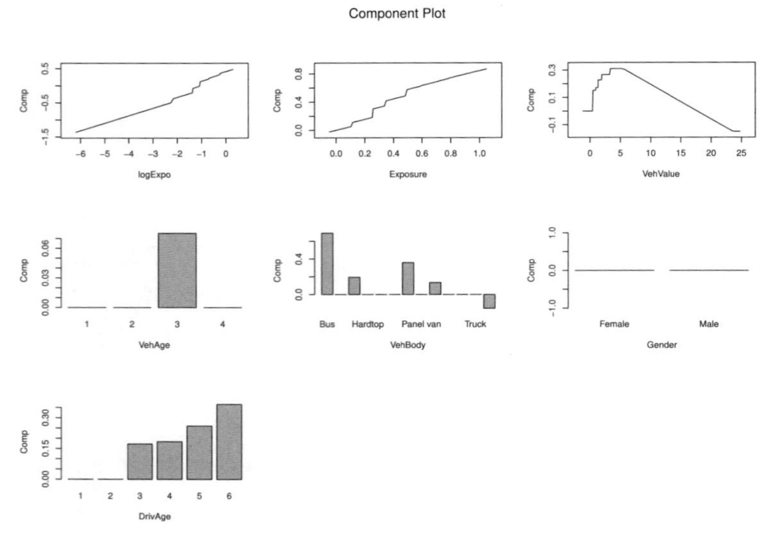


図 11.1

数値型変数log(Expo)，Exposure，VehValueについては，（GAMで見たような平滑化とは別の形ですが）非線形化がなされていることが見てとれるでしょう．これは，すでに述べたように，fused LASSOとよばれる手法と等価な効果と線形項の効果とを組み合わせることで実現しているものです．なお，この実例ではlog(Expo)とExposureを2つとも説明変数に入れました（GAMの場合はそうしませんでした）．そうしたのは，1つには，本モデルでは線形項を積極的に利用しているためであり，もう1つの理由は，説明変数の候補を同じものにして（9章の）ラッソと比較しやすくするためです．目的や状況によっては，2つのうちの1つだけを入れるべきだと判断すべきかもしれません．

VehBodyとGenderは（順序型でない）質的変数です．ラッソ正則化により，説明変数としての重要度が小さいと判定されたレベル（たとえばGenderのレベル1とレベル2の両方）の回帰係数はゼロとなっています．

VehAgeとDrivAgeは順序型の変数です．そのため，これらの回帰係数は，順序の情報を利用して（fused LASSOと等価な手法によって）決定されています．比較のために，たとえばDrivAgeについて，前節で示したコードのうち，

```
## DriveAge
aus.df[, "DrivAge"] <- as.character(aus.df$DrivAge)
...
```

ではじまる部分（この変数を順序型に変換するコード）だけ実行しないようにして全体を実行しなおしたとすれば，この変数に対応するグラフ(plot(cv.model, s = lambda.min, vars = "DrivAge", verbose = 0)とすれば出力できます）は図11.2のとおりとなります．同図から一目瞭然のように，順序型に設定しない場合には，隣り合ったレベルどうしの回帰係数に不自然に大きな較差が生じてしまっています．

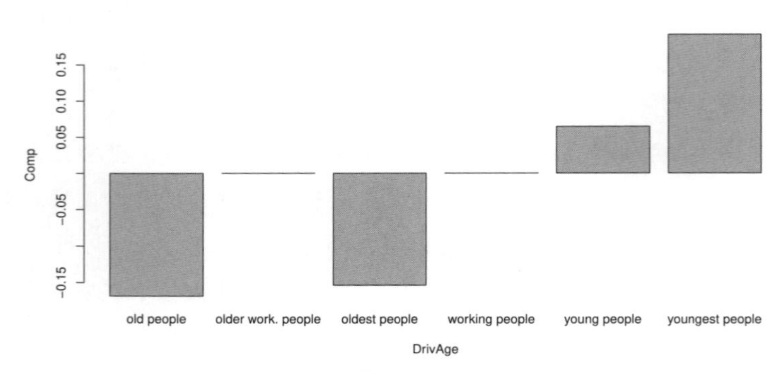


図 11.2

さて，このモデル（順序型を順序型としてきちんと扱ったほうのモデル）による本事例での予測の結果は次のとおりとなります．

```
1  pred <- 1 - exp(-predict(cv.model,
2                             newx = hold.out.x,
3                             s = lambda.min,
4                             type = "response"))
5
6  cat(" Deviance(hold.out) =",
7      aglm.dev <- berDev(hold.out.Occ, pred),
8      "\n AUC(hold.out) =",
9      aglm.auc <- performance(prediction(pred, hold.out.Occ),
10                                "auc")@y.values[[1]])
```

```
 Deviance(hold.out) = 0.4744574
 AUC(hold.out) = 0.6623687
```

9章の結果を再掲すると次のとおりなので，9章と本章で共通して用いた乱数シードの限りでは，逸脱度で見てもAUCで見ても，AGLMはこれまでのどのモデルよりも好成績でした．

```
$Deviance
        GAM tuned.ranger        LASSO     Logistic
  0.4747505    0.4748227    0.4749415    0.4750996
    poisson       ranger         mean           RF
  0.4752603    0.4934762    0.4945450          Inf
```

```
$AUC
      GAM tuned.ranger      poisson        LASSO
0.6620496    0.6614035    0.6611130    0.6610461
 Logistic     Exposure       ranger           RF
0.6599193    0.6528574    0.6240247    0.5943992
```

AGLMが，このように成績が最良であったのはたまたまの面もあると思われますが，表現力に柔軟性があることや，正則化とCVによる最適化によって過剰適合が抑制されやすいと期待できることは，この一例だけからも十分示唆されると思います．AGLMの魅力の1つは，そうした高い予測性能が期待できることです．

実はAGLMは，理論面でいえば，良くも悪くも，信頼できる既存の原理を組み合わせただけのものです．それゆえ，原理に信頼が置けるので，説得力があります．AGLMは基本的に加法モデルであり，説明変数と目的変数との関係は単純です．説明変数選択機能があるので，説明変数の個数が絞れる点も単純性にとってプラスに働きます．そして，単純性からは，高い解釈性も帰結します．

いま述べた説得力，単純性，解釈性は，7.2節で述べた「説明力」の諸相です．AGLMの魅力の1つは予測性能の高さだと上で述べましたが，リスクを扱うための予測モデリングを考えたとき，いま述べた説明力の高さこそが，AGLMの最大の魅力です．

# Rの環境準備

付録Aでは，R本体とRStudioのインストール方法を紹介します．RStudioはRの統合開発環境であり，R本体をいれた後にインストールすることになりますので，まずは，Rのインストール方法とデフォルトで使用可能なRGuiの説明をします．

## A.1 ●●● R本体のインストールとRGui

ここでは，R本体のインストール方法を説明します．インストールするPCは，ここではWindowsOSを搭載したものを想定しますが，他のOSの場合もインストール手順が大きく変わることはありませんので，本節の説明を参考にしてみてください．

### A.1.1 R本体のダウンロードとインストール

最初にR本体を以下のサイト（ここでは統計数理研究所のミラーサイト `https://cran.ism.ac.jp/`）からダウンロードします．WindowsOS用のダウンロード画面に進み，図A.1の**Download R 3.6.0 for Windows**をクリックすると自動的にダウンロードがはじまるはずです．本書の執筆時点である 2019 年 4 月では R の最新バージョンは 3.6.0 となっています．

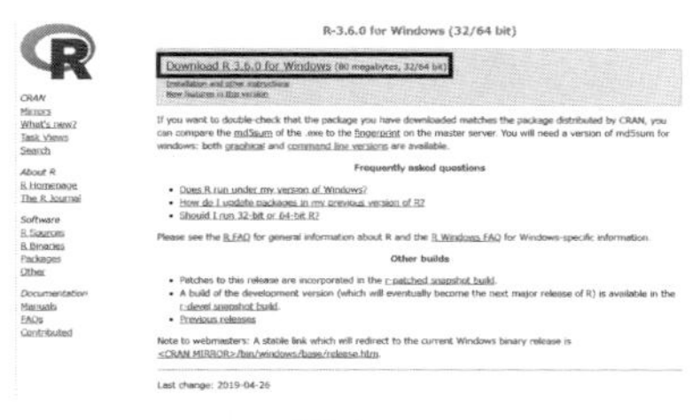


図 **A.1**

次に，ダウンロードした **R-3.6.0-win.exe** を実行してください．セットアップに使用する言語の選択（図 A.2）では日本語を選び，

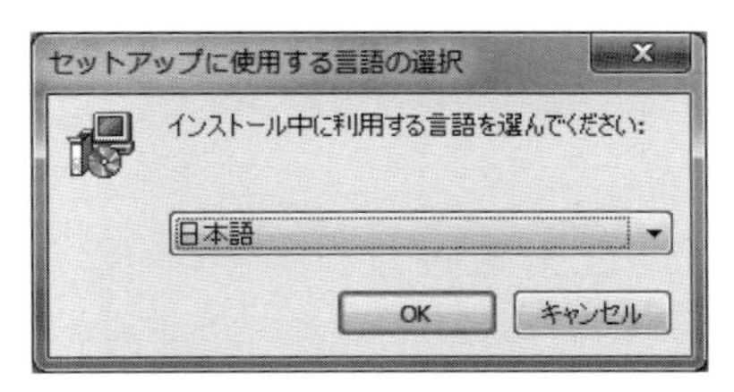


図 **A.2**

ライセンス情報画面で次へを選択し（図 A.3），

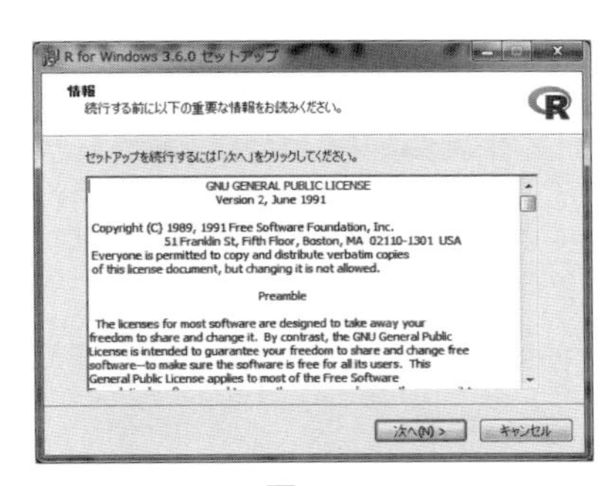


図 **A.3**

インストール先の指定（図 A.4）では，適当なフォルダを指定し次へを選択します．

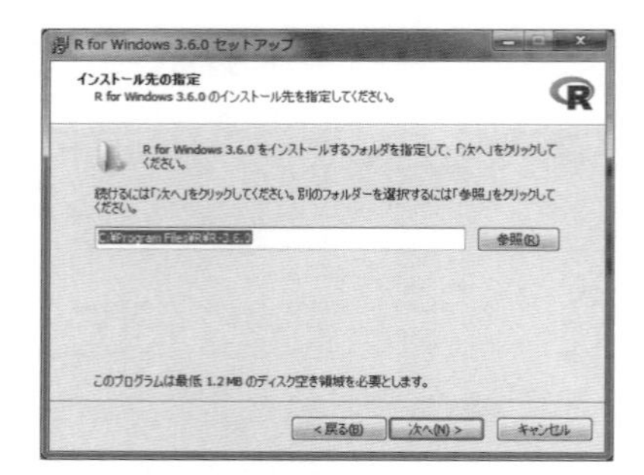


図 A.4

以降のポップアップ画面（図 A.5〜図 A.7）ではすべて**次へ**を選択すると，最後にインストールが開始されますので，終了するまで待ちましょう．

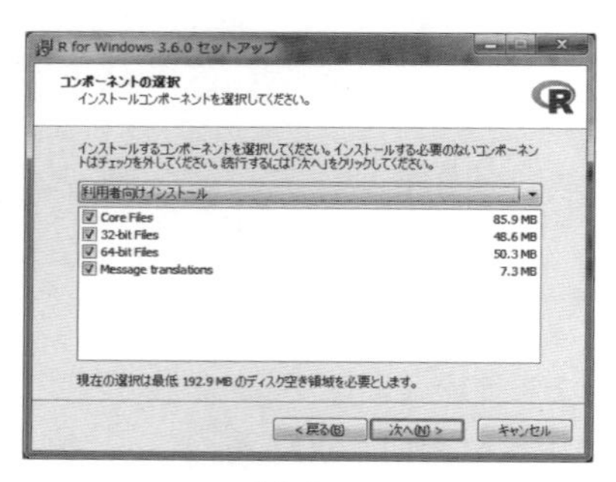


図 A.5

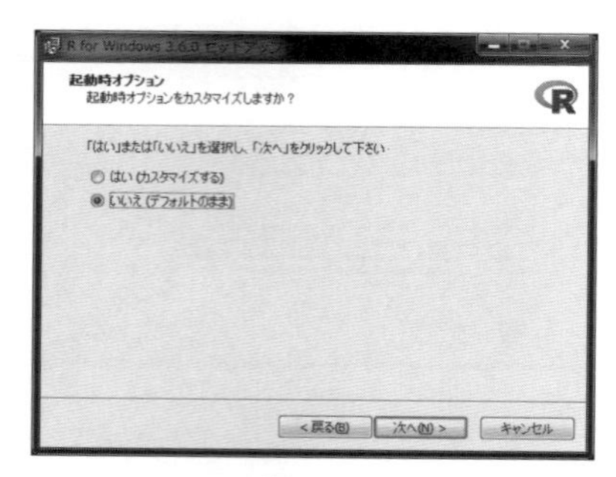


図 A.6

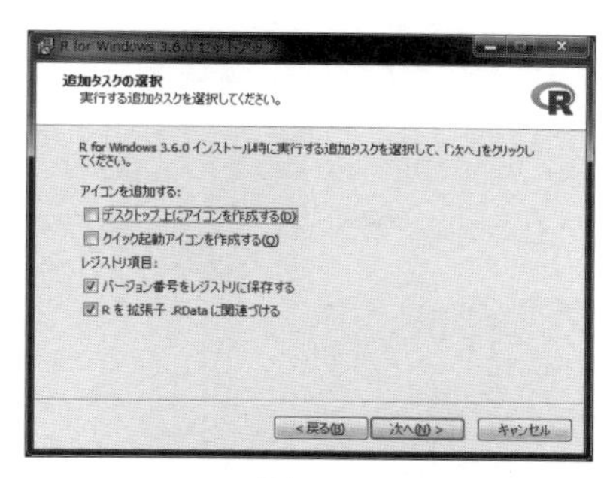


図 **A.7**

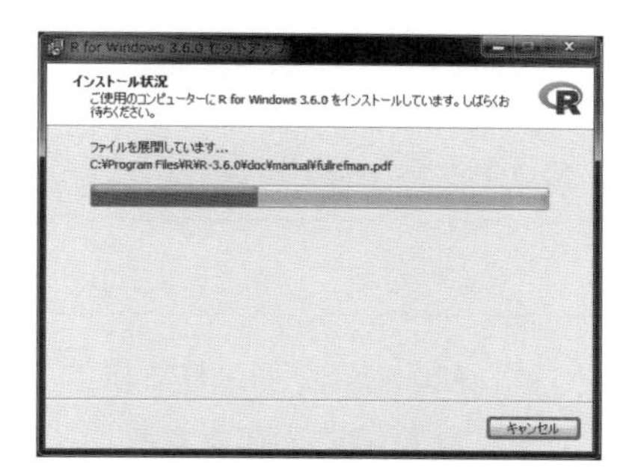


図 **A.8**

無事に終了すれば，R 本体と次で説明する RGui がインストールされているはずです．

## A.1.2　RGui 画面の説明

RGui を立ち上げるには，先ほどのインストールで実行可能になった **R x64 3.6.0** プログラムを立ち上げます．（特にインストール先の指定をデフォルトから変更していなければ，**C:\Program Files\R\R-3.6.0\bin\x64\Rgui.exe** にあります．Windows のスタートメニューなどから立ち上げてもよいでしょう．）RGui 起動時の画面は図 A.9 のようになります．後述する RStudio を本書では推奨する関係上，RGui の説明は最小限に留めます．

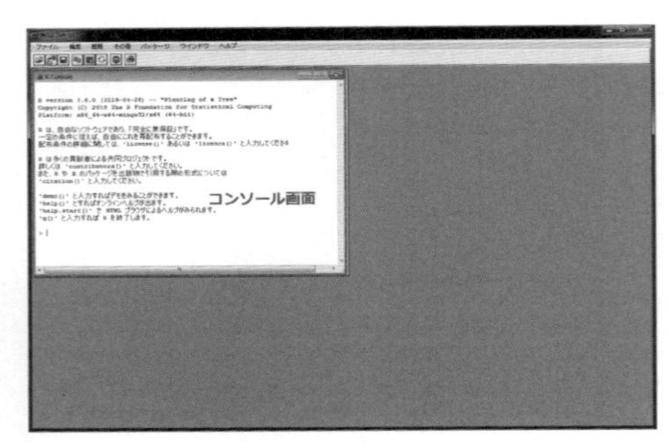


図 **A.9**

最初に表示されているウインドウがコンソールとよばれるものになります．試しに，次のように，2 の平方根を求めるだけの簡単な計算をしてみましょう．以下のコードをコンソール画面内に打ち込んでみてください．

```
1  a <- sqrt(2)
2  print(a)
```

すると，図 A.10 のような計算結果が表示されます．このように，コンソール画面を使用すると，すぐに計算結果を確認することができます．

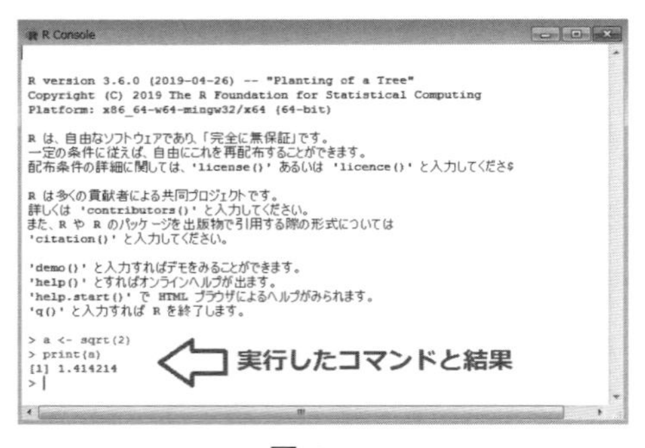


図 **A.10**

一方で，一連の分析を行うプログラムをコンソールでいちいち書いていくのは非常に大変です．そういった場合は，スクリプトを作成してしまいましょう．まず，「ファイル ＞ 新しいスクリプト」を選択し（図 A.11），R エディタ画面を表示させます（図 A.12）．

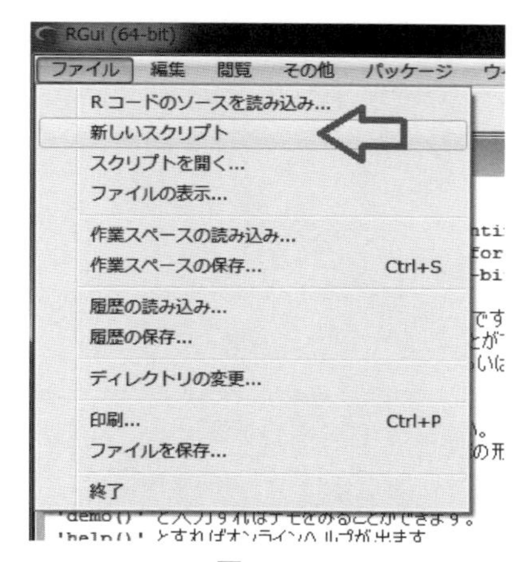


図 **A.11**

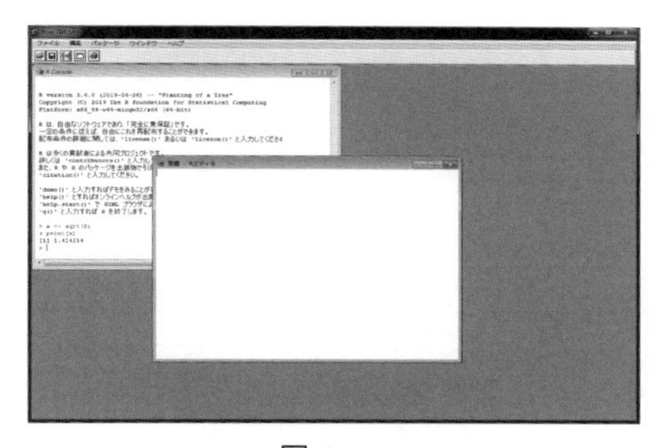

図 **A.12**

今度は，このRエディタ画面内で先ほどと同じ計算を行うプログラムを書いてみましょう．図 A.13 のように先ほどと同じプログラムを書き，プログラム全体を選択します (Ctrl+A で全体を選択できます)．そして，「Ctrl+R」でプログラムの実行と結果をコンソール内に表示させることができます．以上のような作業で，まとまったプログラムをスクリプトとして書き，実行することができます．

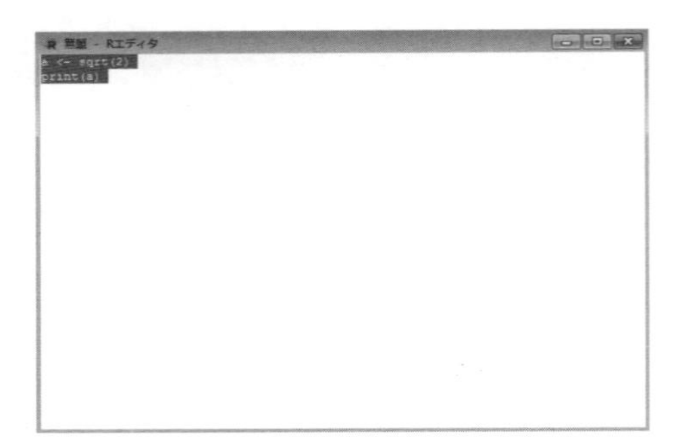

図 **A.13**

最後に，いま作成したスクリプトを保存し，再度呼び出すことをしてみましょう．スクリプトの保存は，「Ctrl+S」で行うことができますので，適当な場所にファイル名を「tmp」とでもして保存してみましょう．そうすると，tmp.R というRのスクリプトファイルができるはずです．作成したtmp.R は，図 A.14 のように「ファイル ＞ スクリプトを開く」を選択し，tmp.R ファイルを指定することで，もう一度R エディタ内で読み込むことができます．

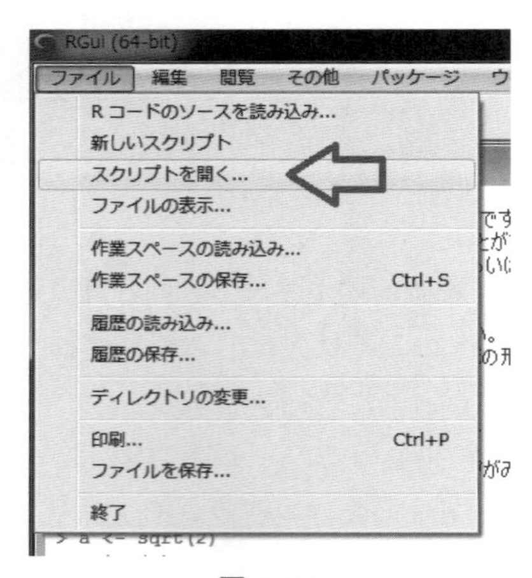


図 **A.14**

あらかじめ作業ディレクトリの指定をしておきたい場合は次のようにします．(作業ディレクトリとは，ファイルを保存したり読み込んだりする場合などに，ルートとして参照されるディレクトリのことを呼びます.）例えば，先ほどの tmp.R というスクリプトファイルを C ドライブの下の test というディレクトリに保存していて，このディレクトリを作業ディレクトリにしたい場合は，図 A.15 のように「ディレクトリの変更」を選択し，C:/test を指定します．もしくは，コンソールで，

```
1  setwd("C:/test")
```

とすることでも，作業ディレクトリを指定することができます．実際にコードを保存したり分析をしていくにあたっては，適宜，自身にとって都合の良い作業ディレクトリを指定するとよいでしょう．

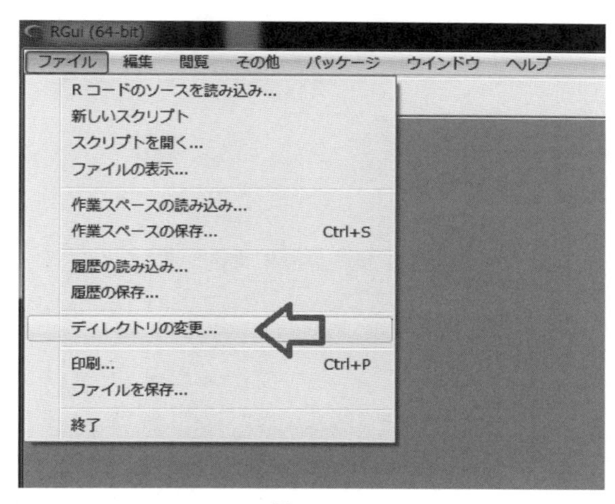


図 **A.15**

## A.2 ●●● RStudio のインストールと使用方法

前節で R 本体のインストールが終わりましたので，この節では RStudio のインストール方法とその使い方を説明します．

### A.2.1　RStudioのインストール

RStudioは，Rを使用した分析や開発を行う際に，世界中で最もよく使用されている統合開発環境（IDEといいます）です．本書では紹介しきれませんが，プログラミングを行うにあたってさまざまな便利な機能があり，使い方に慣れることで強力なツールとなります．ただし，R本体のインストールと同時に使用できるようになったRGuiと異なり，別途インストールする必要がありますので，ここではそのインストール方法を紹介します．

まずは，以下のサイトへアクセスしましょう．

```
https://www.rstudio.com/products/rstudio/download/
```

すると，図A.16のようなWebページが表示されると思いますので，四角枠線内の「DOWNLOAD」ボタンをクリックしてください．

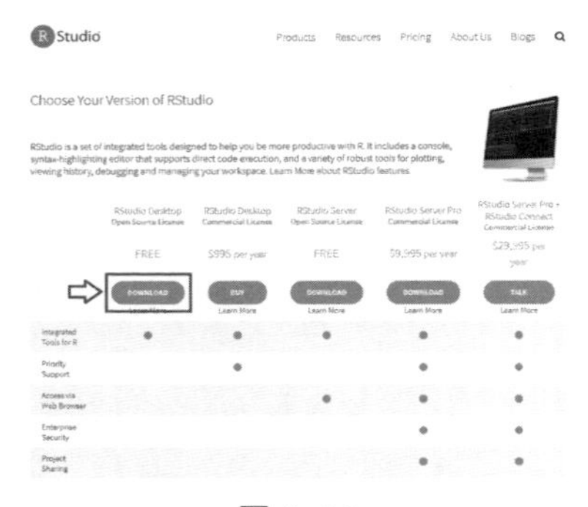


図 **A.16**

画面がスクロールし，図A.17のような各OS毎のインストーラー一覧が表示されるはずです．ここでは，四角枠線内の**RStudio 1.2.1335 - Windows 7+ (64-bit)**を選択します．本書の執筆時点である2019年4月ではRStudioの最新バージョンは1.2.1335となっています．選択すると，ダウンロードがはじまりますので，完了するまで待ちましょう．

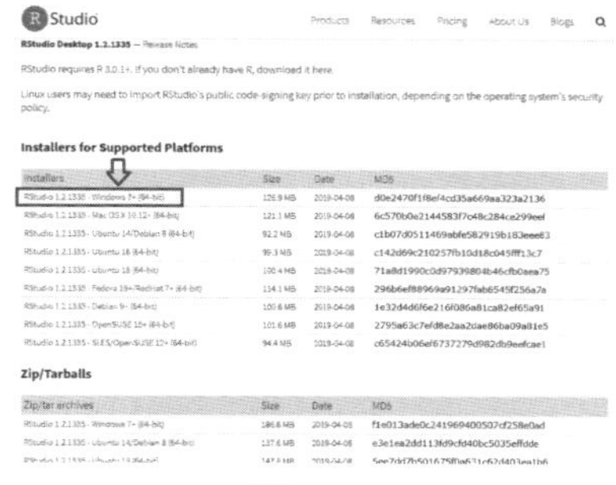


図 A.17

次に，ダウンロードした **RStudio-1.2.1335.exe** を実行してください．セットアップウィザードの画面（図 A.18）が出てきますので**次へ**を選択し，

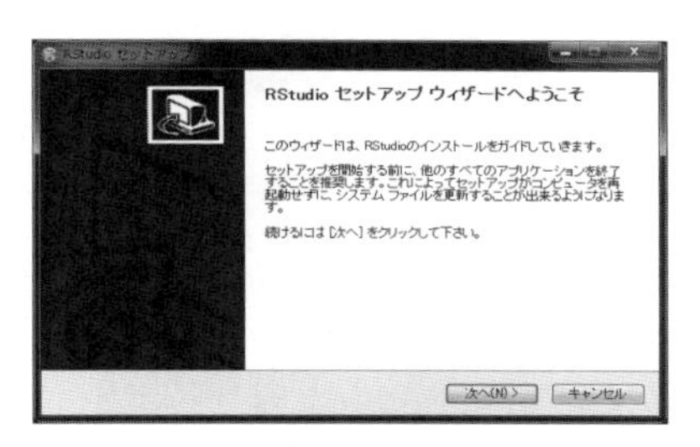


図 A.18

インストール先の指定（図 A.19）では，適当なフォルダを指定し**次へ**を選択し，次の画面（図 A.20）で**インストール**ボタンを押すとインストールがはじまりますので完了するまで待ちましょう．

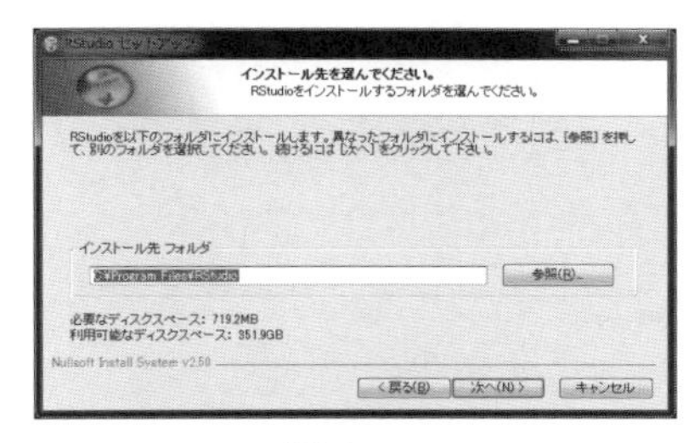


図 A.19

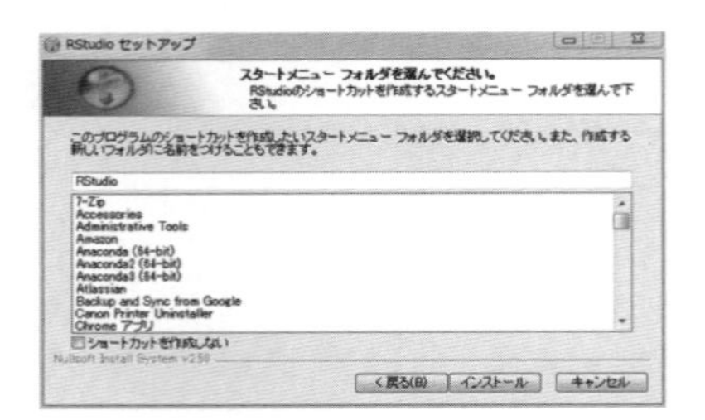


図 A.20

## A.2.2　RStudio の使用方法

### A.2.2.1　RStudio の立ち上げとメイン画面の説明

ここまでの作業でRStudioがインストールできましたので，まずは，RStudio を立ち上げてみましょう．RStudio を立ち上げるには，先ほどのインストールで実行可能になった **rstudio.exe** プログラムを立ち上げます．（特にインストール先の指定をデフォルトから変更していなければ，**C:\Program Files\RStudio\bin\rstudio.exe** にあるはずです．Windows のスタートメニューなどから立ち上げてもよいでしょう．）

RStudio が立ち上がりましたら，まず最初に RStudio 内で使用する R 本体のバージョンの確認をします．上のメニューバーから「Tools > Global Options」を選択してください．すると，次のようなオプション画面（図 A.21）が出ると思います．

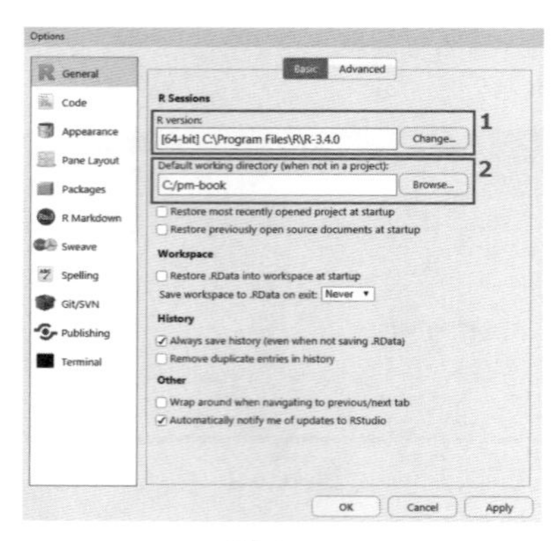


図 A.21

もし本書に従って最新のR本体をインストールしていた場合は，図A.21内の1で最新バージョンのR本体が存在するファイルのパスが確認できるはずです．本書の執筆時点である2019年4月ではRの最新バージョンは3.6.0ですので，**[64-bit] C:\Program Files\R\R-3.6.0**と図中ではなっています．既にR本体をインストールしていて，古いRのバージョンのパスが見えていたとしても，よほど古いバージョンでない限りは本書の内容を実行するぶんには不都合はないでしょう．新しいバージョンをインストールしていて，そちらに変更したい場合は，「Change」ボタンを押すことで新しいほうに変更できます．

オプション画面をせっかく開いていますので，ついでにRGuiの場合と同様に作業ディレクトリの設定も行っておきます．たとえば，東京図書株式会社のダウンロードサイト（`http://www.tokyo-tosho.co.jp/download/`）から**pm-book**という本書用のフォルダをCドライブ直下にダウンロードした場合，図A.21の2において**C:/pm-book**とすることで，RStudioを立ち上げる都度，**pm-book**を作業ディレクトリとすることができるようになります．このようにして作業ディレクトリを設定する以外に，プロジェクトを作成するという方法もあります．興味のある方はWebなどで調べてみるとよいでしょう．

RStudioでのプログラミングに関する説明をする前に，各画面の紹介をしておきます．図A.22は，RStudioの標準的な全体画面となります．左上，左下，右上，右下の順に各画面の機能を簡単に紹介していきます．

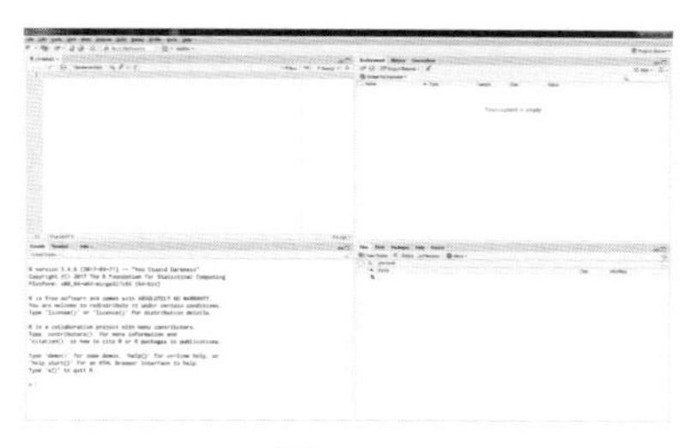

**図A.22**

まず，左上の画面は，Source paneとよばれており，この画面内でプログラミングを行いRスクリプトを作成していくことになります．後でこの画面内でRGuiで行った内容と同様のことを行います．左下の画面は，RGuiでも出てきましたが，Console paneとよばれるRGuiにおけるコンソールと同様の画面となります．右上の画面はEnvironment paneとよばれ，スクリプト内で作成された変数やデータやデータフレームなどの詳細を表示したり，コンソールの履歴を確認したりすることができます．右下の画面は，File Plots paneとよばれ，ファイル（Rスクリプトなど）を開いたり，フォルダの管理をしたり，プログラムによる描画結果などが表示される画面となります．

### A.2.2.2　RStudioでのプログラミングと実行

それでは，RGuiの際に試した以下の簡単な計算を再度行ってみましょう．RGuiの時と同じように以下のコードを左上のSource pane内に打ち込んでみてください．（図A.23）

```
1  a <- sqrt(2)
2  print(a)
```

図 A.23

RStudioにおけるプログラムの実行（結果をConsole paneに表示させる実行をここでは想定します）は，コード全体を実行したい場合は「Ctrl+Shift+Enter」を押すか，メニューの「Code ＞ Source with Echo」を選択することで行うことができます．また，コードの一部分だけを実行したい場合は，その部分を選択し，「Ctrl+Enter」を押すか，メニューの「Code ＞ Run Selected Line(s)」を選択することで実行できます．今回は，「Ctrl+Shift+Enter」でコード全体を実行してみましょう．すると，左下のConsole pane内に図A.24のような結果が出てきます．

```
R is free software and comes with ABSOLUTELY NO WARRANTY.
You are welcome to redistribute it under certain conditions.
Type 'license()' or 'licence()' for distribution details.

R is a collaborative project with many contributors.
Type 'contributors()' for more information and
'citation()' on how to cite R or R packages in publications.

Type 'demo()' for some demos, 'help()' for on-line help, or
'help.start()' for an HTML browser interface to help.
Type 'q()' to quit R.

> source('C:/Users/Maxwell/Desktop/Rcwd/pm-book/code/demo.R', echo=TRUE)

> a <- sqrt(2)

> print(a)
[1] 1.414214
> |
```

図 **A.24**

先ほどの RGui と似たような結果になっていることが確認できると思います．また，右上の Environment pane を見てみると，図 A.25 のように先ほどコード内で作成した **a** という変数があるのが見て取れます．こちらでは，主に，変数の型（Type），長さ（Length），容量（Size），格納されている値（Value）などを確認することができます．

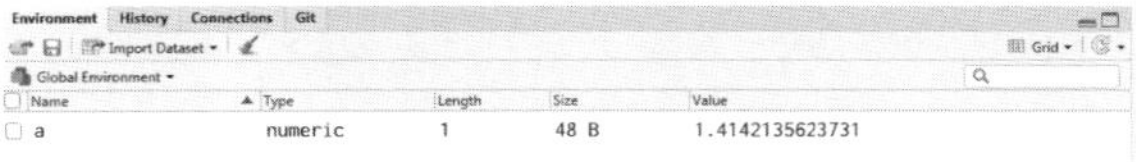

Environment History Connections Git

Import Dataset

Global Environment

| Name | Type | Length | Size | Value |
|---|---|---|---|---|
| a | numeric | 1 | 48 B | 1.4142135623731 |

図 **A.25**

次に，実行しているコードの中断方法を確認しておきましょう．先ほど作成したコードに続いて，以下の図 A.26 のようなコードを Source pane 内に追記してみてください．

```
1  a <- sqrt(2)
2  print(a)
3
4  while (TRUE) {
5      a <- sqrt(2)
6  }
7
```

図 **A.26**

このコードは無限に **a** に 2 の平方根を代入する処理を繰り返すものです．図 A.26 のようにこのコードの部分を選択し，「Ctrl+Enter」で実行してみましょう．すると，図 A.27 のように Console pane 内で，プログラムの実行に入ったきり他のコードの実行を受け付けなくなってしまいます．このままでですと困りますので，無限ループで実行されているプログラムを止めましょう．Console pane 内で「Esc」を押すことで中断することができます．

```
R is free software and comes with ABSOLUTELY NO WARRANTY.
You are welcome to redistribute it under certain conditions.
Type 'license()' or 'licence()' for distribution details.

R is a collaborative project with many contributors.
Type 'contributors()' for more information and
'citation()' on how to cite R or R packages in publications.

Type 'demo()' for some demos, 'help()' for on-line help, or
'help.start()' for an HTML browser interface to help.
Type 'q()' to quit R.

> a <- sqrt(2)
> print(a)
[1] 1.414214
> while (TRUE) {
+     a <- sqrt(2)
+ }
```

図 **A.27**

また，たくさんの処理を実行していくと，PC のメモリ容量を消費し尽くしてしまい挙動がおかしくなったりするため，Console pane 内の環境を再起動したくなることがあります．その場合は，Console pane 内で「Ctrl+Shift+F10」を押すか，メニューの「Session ＞ Restart R」を選択することで Console pane 内の環境を再起動することができます．

最後に，先ほど Source pane 内で作成した R のスクリプトを保存してみましょう．Source pane で保存するコードが表示された状態で，「Ctrl+S」を押すか，メニューの「File ＞ Save」を選択することで，ファイルの保存画面がポップアップしてきます．ここでは，「demo」と打ち込んで save ボタンを押しましょう．こうすることで，現在の作業ディレクトリ内に demo.R というスクリプトファイルが保存されます．また，既に保存したスクリプトファイルを開きたい場合は，「Ctrl+O」を押すか，メニューの「File ＞ Open File」を選択することでポップアップするファイル選択画面で，対象のファイルを選びましょう．

RStudio には，他にもいろいろな操作を実行できるショートカットがあります．「Alt+Shift+K」もしくはメニューの「Help ＞ Keyboard Shortcuts Help」を押すことで確認することができますので，興味のある読者は確認してみてください．

#### A.2.2.3 RStudio でのパッケージのインストール方法

R 言語のよい点として，オープンソースであり，目的に応じて各種パッケージをインストールし，使用できることが挙げられます．RStudio では，各種パッケージのインストールは Console pane 内もしくは Source pane 内でコマンド形式で行うか，右下の File Plots pane 内の「Packages」タブ内の「Install ボタン」で行うことができます．ここまで Console pane 内で簡単なプログラムを作成する方法を見てきましたので，ここでは，コマンド形式でパッケージをインストールする方法を紹介します．例として，**mlbench** パッケージをインストールするため，以下のようなコードを Console pane 内で打ってみましょう．

```
1   install.packages("mlbench")
```

すると，図 A.28 のように **mlbench** パッケージがインストールされ使用可能になります．

```
> install.packages("mlbench")
trying URL 'http://cran.rstudio.com/bin/windows/contrib/3.4/mlbench_2.1-1.zip'
Content type 'application/zip' length 1034031 bytes (1009 KB)
downloaded 1009 KB

package 'mlbench' successfully unpacked and MD5 sums checked

The downloaded binary packages are in
        C:\Users\Maxwell\AppData\Local\Temp\RtmpyQTu4m\downloaded_packages
> |
```

図 **A.28**

インストールが完了したパッケージを使用する場合は，Source pane 内で，

```
1   library(mlbench)
```

とすることで，使用可能になります．自分の目的にそったどのようなパッケージがあるかは，Web などを利用して調べるとよいでしょう．有名なパッケージであれば，だいたいのものは CRAN（Comprehensive R Archive Network の略称）とよばれる R の各種パッケージを管理するサーバーに登録されており，簡単にインストールすることができます．

# R 言語の初歩

付録Bでは，R言語の初歩の解説を行います．使用するPCにRを実行するための環境が整っていない場合には，先に付録Aを参考にしてR環境の準備を行ってください．また，R環境の基本的な使用方法をまだ習得していない場合（や，以下の部分に不明な用語があった場合）も付録Aをご参照ください．

R言語を本格的に使用する環境としては，R自体とは別にインストールが必要なRStudio（付録Aの後半参照）の使用が推奨されます．ですが，以下，および本書の本文では，Rをインストールしただけで使用可能なRGuiでも実行可能な形で表現していますので，本書を読む限りは，RStudioのインストールは必須ではありません．

## B.1 ●●● Rコードと出力結果

Rで，たとえば2+3という計算を実行するとしましょう．そのためには，Rスクリプト（RStudioのSourse paneを含む．以下同じ）内に「`2 + 3`」と書いた部分を実行させるなり，Rコンソールの「`>`」の右に「`2 + 3` 」と打ち込む（つまり，そう書いてから改行キーを押す）なりすればよいですが，いずれにせよ，Rコンソール上の見た目は次のようになります．

```
> 2 + 3
[1] 5
```

本書では，Rのコード（いまの例では「2 + 3」）には左に番号を振って次のように表示します（いまの例では1行しかないので，「1」だけ振られています）．

```
1  2 + 3
```

そして，Rによる実行結果は，次のようにRコンソール上と同じもの（いまの例では「[1] 5」．頭についている「[1]」については，すぐあとで説明する）を表示します．

```
[1] 5
```

Rでは，たとえばseq(1, 10, 0.2)とすると，1から10まで0.2刻みの列(sequence)を作ってくれますが，これを実行した場合は，次のとおりとなります．

```
1  seq(1, 10, 0.2)
```

```
 [1]  1.0  1.2  1.4  1.6  1.8  2.0  2.2  2.4  2.6  2.8  3.0
[12]  3.2  3.4  3.6  3.8  4.0  4.2  4.4  4.6  4.8  5.0  5.2
[23]  5.4  5.6  5.8  6.0  6.2  6.4  6.6  6.8  7.0  7.2  7.4
[34]  7.6  7.8  8.0  8.2  8.4  8.6  8.8  9.0  9.2  9.4  9.6
[45]  9.8 10.0
```

このように，実行結果は，多数の数値を並べたものになる場合が多く，その場合，各行の一番左のカッコ[ ]書きの数値は，その行の1番左の数値が全体の何番めのものであるかを示しています．実行結果が1つだけでも同趣旨の情報を記載するため，上の「2 + 3」のときの実行結果には冒頭に「[1]」と記されていたのです．

## B.2 ●●● R言語のABC

Rを実行する環境がいったん整えば，Rでは，

(i) 関数の実行が主たる機能の1つであること

(ii) 「変数名 <- 関数表現」と書けば，「<-」の右辺を実行させた結果が左辺の変数に格納されるということ

(iii) わからない関数名らしき表現などがあれば「?"表現"」とすれば関数の説明が得られるというヘルプ機能があること

の3点さえ知っていれば，おそらく簡単なコードは自力で解読が可能になるし，そのまま，見本を真似しながらプログラミングを始めることも可能と思います．

たとえば，次のようなコードを見たとします．

```
1  a <- sign(pi)
2  a + 2
```

```
[1] 3
```

1行めの左辺は変数名であるからよいとして，また，2行めは，1行めの右辺の実行結果が格納されたaに2を加えるというだけです（その計算結果が3ということはaは1でしょう）から，1行めでわからないことがあるとすれば，signとpiの意味です．そこで，Rコンソールに?"sign"と打ち込んで改行キーを押すと，sign関数に対する次のような説明が自動的に出てきて，いわゆる符号関数のことだとわかります．

```
1  ?"sign"
```

sign {base}　　R Documentation

**Sign Function**

**Description**

sign returns a vector with the signs of the corresponding elements of x (the sign of a real number is 1, 0, or *-1* if the number is positive, zero, or negative, respectively).

Note that sign does not operate on complex vectors.

**Usage**

sign(x)

**Arguments**

x
a numeric vector

**Details**

This is an internal generic primitive function: methods can be defined for it directly or via the Math group generic.

**See Also**

abs

**Examples**

```
sign(pi)    # == 1
sign(-2:3)  # -1 -1 0 1 1 1
```

図 B.1

この画面の左上にsign{base}とあるところの{base}とは，この関数がbase（基本）パッケージに入っていることを示しています．そのことは，この関数が，Rをインストールしただけで自動的に組み込まれているものであることを意味します．Descriptionは関数の意味の簡単な説明，Usageは関数を使うときの形式，Argumentsは関数に入力する変数の説明，Detailsは必要に応じてその他の詳しい説明，Examplesは使用例をそれぞれ示しています．複雑な関数になると説明が長くなり，さっとはわからないかもしれませんが，そういうときはExamplesにある例をRコンソールにコピペして実行させると，理解の近道になる場合も少なくありません．

なお，このExamplesの中で，たとえば

```
sign(pi)     # == 1
```

の箇所にある#は，**コメントアウト記号**です．この記号の右側に書かれた文字列は，プログラムの実行上は完全に無視されるので，いろいろな備考等を書いておくのに使えます．

sign{base}を調べたのと同様に?"pi"とすれば，piがRに組み込まれている定数(円周率$\pi$を表す)だとすぐにわかります．?の代わりにhelp("sign")というようにhelp関数を使うこともできるし，関数名の場合には?signというように引用符" "を省略してもかまいません．しかし，たとえば，%/%といった記号をはじめ，英字表現でも関数名以外のものが何を表すかを知りたい場合には，引用符は省略できず?"%/%"というようにしないといけないので，慣れないうちはつねに引用符をつけておいたほうが無難かもしれません．

## B.3 ●●● 練習

次の**練習問題**に取り組んでみてください．

次のコードの意味を解読せよ（慣れていない人は，すぐに答えを見てかまいません）．

```
1  set.seed(1234)
2  for (n in c(2, 5, 10, 20, 50)) {
3    x <- stats::rnorm(n)
4    cat(n, ": ", sum(x ^ 2), "\n", sep = "")
5  }
```

```
2: 1.533975
5: 7.448877
10: 4.434716
20: 23.83011
50: 51.60053
```

## 答え

文字列から類推できるものもあると思われますが，端からすべて調べるなら，`?"set.seed"`，`?"for"`（このときに `in` の意味も解決する），`?"c"`，`?"stats"`，`?"::"`，`?"rnorm"`，`?"cat"`，`?"sum"`，`?"^"`を実行すればよいです．`"\n"`と `sep =`の部分の意味は `cat` の説明のところにあります．

英語を含む各表現の意味をごく簡単に述べれば，`set.seed` は乱数シード (seed) を設定 (set) するもの，`for` はプログラミングにおけるいわゆる「for 文」を作るもの，`c` は数値などのオブジェクトを並べて結合 (concatenate) してベクトルを作るもの，`stats` は統計 (statistics) 計算に関する基本パッケージ（標準的に組み込まれており，実は，このコードのうちの `stats::` の部分は削除しても同じ結果となる)，`rnorm` は正規分布 (normal distribution) の乱数 (random deviates) を発生させるもの，`cat` は表現等を結合 (concatenate) するもの，`sum` は総和 (sum) を求めるものです．

問題の答えは，以下のとおりです．再現性のために，乱数のシードというものを 1234（この数値を選んだことには特に意味はない）に設定する．そのあとで，`n` の値を 2,5,10,20,50 の順に 1 つずつ設定することとし，1 つの `n`（最初は 2 となる）を設定したらその `n` について下記のこと（ルーティン）を実行し，その実行が終わったら次の `n` を設定してその `n` についてルーティンを実行するということを続け，最後の `n`（50 となる）までルーティンを実行し終えたら終了とする．各ルーティンでは，標準正規分布に従う乱数を $n$ 個ずつ発生させ，それらを要素とする長さ $n$ のベクトルを `x` とし，その要素

を $x_1,\ldots,x_n$ とすれば，$s=\sum_{k=1}^{n} x_k^2$ を計算して，$n$ の値と：という表現と $s$ の値とを並べて出力し，改行する．

ところで問題中に出てきた"\n"の中の\はバックスラッシュといい，日本語用のキーボードでは円マーク（¥）で入力します．フォントの設定等によっては，PC の画面上でも円マークとなっているかもしれませんが，プログラムの処理上，両者はまったく同一です．

## B.4 ●●● 関数の作り方

R の関数は自分でも簡単に作れます．たとえば，$a,b,c$ の 3 つの数を入力すると，$\dfrac{-b+\sqrt{b^2-4ac}}{2a}$ と $\dfrac{-b-\sqrt{b^2-4ac}}{2a}$ の 2 つの数を返す（return）関数（function）は次のように作れます．

```
1  quadraticFormula <- function(a, b, c) {
2    return(c((-b + sqrt(b ^ 2 - 4 * a * c)) / (2 * a),
3             (-b - sqrt(b ^ 2 - 4 * a * c)) / (2 * a)))
4  }
```

sqrt は平方根（square root）を求める関数です．$a=1$, $b=5$, $c=6$ とすれば，答えは $-2$ と $-3$ になるはずですが，実際，関数を実行すると，次のとおりです．

```
1  quadraticFormula(1, 5, 6)
```

```
[1] -2 -3
```

上のコードで return という関数は省略できます．また，最終的な返り値以外の作業を途中で行わせることも可能です（返り値を返さない関数も作れます）．コードの説明は省略しますが，たとえば次のとおりです．

```
1  quadraticFormula <- function(a, b, c) {
2    x_r <- (-b + sqrt(b ^ 2 - 4 * a * c)) / (2 * a)
3    x_l <- (-b - sqrt(b ^ 2 - 4 * a * c)) / (2 * a)
4    curve(a * x ^ 2 + b * x + c, 2 * x_l - x_r, 2 * x_r - x_l)
5    abline(h = 0)
6    c(x_r, x_l)
7  }
```

```
8
9  quadraticFormula(1, 5, 6)
```

```
[1] -2 -3
```

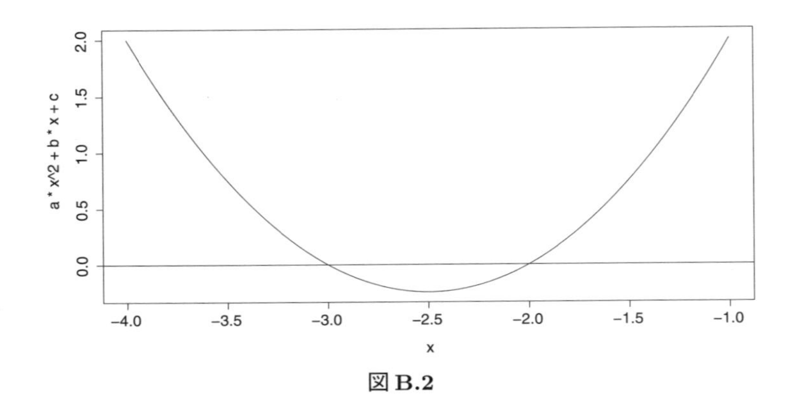


図 **B.2**

単純な作りをした R の関数は，自分で作るものも含め，原則として，（たとえば）ベクトルに対しては要素ごとに適用されます．（たとえば）sin 関数にベクトルを代入してもエラーは出ずに，sin(c(x, y, z)) の例でいえば，c(sin(x), sin(y), sin(z)) と同じ計算をしてくれます．

```
1  sin(c(0, pi / 4, pi / 2))
```

```
[1] 0.0000000 0.7071068 1.0000000
```

```
1  c(sin(0), sin(pi / 4), sin(pi / 2))
```

```
[1] 0.0000000 0.7071068 1.0000000
```

## B.5 ●●● デフォルト

初級者から見て非常にありがたいRの特長の1つは，Rはさまざまな面で「よきに計らって」くれるところです．たった数行でもそれなりの統計解析の実行ができるのは，その点によるところも大きいです．たとえば，B.3節の練習問題に出てきた`rnorm`という関数を使うと，`rnorm(5)`とするだけで，標準正規分布に従う乱数の値を5個出力してくれます．その一方で，この関数は，標準正規分布専用の関数ではなく，正規分布一般の乱数を発生させる関数です．実際，同じことをさせるのに，たとえば`rnorm(5, 0, 1)`と書くこともできるし，最も丁寧に書くなら`rnorm(n = 5, mean = 0, sd = 1)`と書くことになります．つまり，引数のうちの`mean`（平均）や`sd`（標準偏差standard deviation）に値が与えられなければ，「よきに計らって」それぞれを0, 1だと見なしてくれます．また，`n =`と書かなくても，最初に入力される値は，出力すべき乱数の個数だと「よきに計らって」解釈してくれます．

こうして，特に指定しないときに機械側が自動的に設定するもののことをデフォルト（それが値であればデフォルト値）といいますが，Rはこのデフォルトが充実しています．`rnorm`の説明の`Usage`を見るか，あるいは，次のように`rnorm`という関数名だけで実行させると，`rnorm(n, mean = 0, sd = 1)`という記述が見られます．引数のところに`=`があるものは，デフォルトが設定されているということです．

```
1  rnorm
```

```
function (n, mean = 0, sd = 1)
.Call(C_rnorm, n, mean, sd)
<bytecode: 0x000000019750ca0>
<environment: namespace:stats>
```

例は何でもよいですが，平均2.5，標準偏差2の正規分布に従う乱数を3個発生させたいときにコードに`rnorm(3, 2.5, 2)`とだけ書いたのでは，3, 2.5, 2がそれぞれ何を指しているのかわかりにくいので，本書ではできるだけ`rnorm(3, mean = 2.5, sd = 2)`といった書き方をします．ただし，デフォルト値がとられている場合は，いちいちその値まで示してコードを書くのは煩わしいし，せっかくのRの長所が損なわれるので，原則として，(rnorm(5, mean = 0, sd = 1) というようには書かずに) rnorm(5) というように省略して書きます．

**練習問題**

B.1節で例示した seq(1, 10, 0.2) という表現を丁寧に書くとしたらどうなるか．

**答え**

seq(from = 0, to = 10, by = 0.2) となります．このほうが「0から10まで0.2ずつ」というのがわかりやすいです．

ただし，本書ではこの seq はきわめて頻繁に使うので，場合によっては，from =, to =, by =の部分を省略することとします．

## B.6 ●●● Rによるコードの解釈

Rでは，大文字と小文字は厳格に区別されます．たとえば，age という変数を作ったとき，AGE や Age でその変数を呼び出すことはできません．

この点ではRは厳格ですが，Rは，全般的に，コードの解釈においても「よきに計らって」くれます．いくつか例を挙げると以下のとおりです．

(i) 一かたまりの表現（単独の演算子や括弧やコンマを含む）の前後には空白があってもなくても同じです．

たとえば，2+3 は 2 + 3 と同じ（機能は同じですが，このような演算子の場合には，後者のように前後に空白を空けることが推奨されます）であり，cos ( pi ) は cos(pi) と同じ（このような演算子の場合には，後者のように前後に空白を空けないことが推奨されます）であり，c(1,3) は c(1, 3) と同じ（コンマの場合には，後者のように前には空白を空けず，後には空白を空けることが推奨されます）です．

(ii) " " や ' ' で括られているのでない限り，1個以上の空白は1個の空白と同じです．たとえば，2　+　3 は 2 + 3 と同じです．

(iii) 空白を置けるところに改行を入れても，その箇所でコードが完結していると解釈される場合を除き，空白と同じです．たとえば，

```
1  2 + 3
```

は，

```
1  2 +
2    3
```

と書いても同じ結果が得られます．しかし，

```
1  2
2  + 3
```

と書くと，1 行めでコードが完結していると解釈されるので，結果は異なります．

R では，コードが完結しているところで改行するのが原則ですが，セミコロン「;」を置くことで，同じ行につなげて書くこともできます．たとえば，

```
1  2 + 3; 3 + 4
```

とすれば，

```
1  2 + 3
2  3 + 4
```

と同じ結果が得られます．

## B.7 ●●● rm

もう 1 つ，rm も説明しておきます．これは，自分で作った変数等のオブジェクトを R 環境から削除（remove）する関数です．不必要なオブジェクトはまめに削除しておくことをおすすめします．

たとえば，読者がこれまで R で特段の実行をせず，本項で例示したコードだけを実行していた場合，R の大域環境（Global Environment）というところに，a と n と quadraticFormula と x というオブジェクトができています．そうしたオブジェクトを一覧（list）するには，次のとおりとします．

```
1  ls()
```

```
[1] "a"                 "n"                 "quadraticFormula"
[4] "x"
```

これらを個別に削除するには，たとえば次のとおりとします．

```
1  rm(a)
```

これでaが削除されました．次のとおり，2つ以上を列挙して一度に削除することもできます．

```
1  rm(n, x)
```

あるいは，次のようにすれば，大域環境にあるものをすべて一気に削除できます．

```
1  rm(list = ls())
```

## B.8 ●●● データ型とデータ構造

付録Bの最後に，データ型とデータ構造の一覧を載せておきます．データ型とは数値や文字列といったデータの構成要素の種類を，データ構造とはデータを格納するオブジェクトの種類を指します．本書の本文内で出てこないものもいくつかありますが，必要に応じて使いこなせるようにしておくことで，分析が行いやすくなることもあるでしょう．

データ型やデータ構造を調べるには，本書内で紹介するclass関数以外に，typeof関数やmode関数といったものがあります．一覧では，データ型に関してはtypeof関数が返す値を，一方で，データ構造に関してはclass関数が返す値を記載しています．データ構造におけるベクトルは，numeric（numericはベクトルの要素としてdoubleを含んでいる場合にclass関数が返す値です）やcharacterといったベクトルの構成要素のデータ型を返す点で，他のデータ構造である行列やデータフレームなどと異なっている点に注意が必要です．

| データ型 | typeof の戻り値 | 例 |
|---|---|---|
| 数値型（整数型を含んだ実数型） | "double" | 2, 2.0 |
| 数値型（整数型） | "integer" | as.integer(1), as.integer(-1) |
| 複素数型 | "complex" | 1 + 1i, -2i |
| 文字型 | "character" | "1", "predictive" |
| 論理型 | "logical" | TRUE, FALSE, T |

| データ構造 | class の戻り値 | 性質 | 例 |
|---|---|---|---|
| ベクトル | "numeric", "character" などのベクトルの構成要素 | ベクトル内の全要素の型は１つに統一されている必要がある | c(1, 2, 3) |
| 行列 | "matrix" | ベクトルと同様に，異なる型が混在することはできない | matrix(1:6, 2, 3) |
| データフレーム | "data.frame" | ベクトル，行列と異なり，異なる型を混在させることができる | data.frame(x = 1, y = 1:6) |
| リスト | "list" | 柔軟なデータ構造で数値や文字列以外にベクトルやデータフレームなども名前をつけて（つけなくてもよい）格納できる | list(x = 2, data.frame (df = "predictive")) |
| 順序無し因子 | "factor" | 因子型のデータを格納でき，水準を指定できる | factor(c("P", "M")) |
| 順序有り因子 | "ordered", "factor" | 大小関係も含めた水準を指定できる | ordered(c("P","M","P"), levels = c("P","M")) |

# 参考文献


[1] Akaike, H. (1973). Information theory and an extension of the maximum likelihood principle. In *Proceedings of the Second International Symposium on Information Theory*, B. N. Petrov and F. Csaki (eds), 267–281.

[2] Boser, B. E., Guyon, I. M., & Vapnik, V. N. (1992). A training algorithm for optimal margin classifiers. In *Proceedings of the fifth annual workshop on Computational learning theory* (pp. 144–152). ACM.

[3] Box, G. E. (1979). Robustness in the strategy of scientific model building. In *Robustness in statistics* (pp. 201–236). Academic Press.

[4] Box, G. E. (1980). Sampling and Bayes' inference in scientific modelling and robustness. *Journal of the Royal Statistical Society: Series A (General)*, **143** (4), 383–404.

[5] Box, G. E., & Jenkins, G. (1970). *Time Series Analysis: Forecasting and Control.* Holden-Day.

[6] Breiman, L. (1996). Bagging predictors. *Machine learning*, **24** (2), 123–140.

[7] Breiman, L. (2001a). Random forests. *Machine learning*, **45** (1), 5–32.

[8] Breiman, L. (2001b). Statistical modeling: The two cultures (with comments and a rejoinder by the author). *Statistical science*, **16** (3), 199–231.

[9] Breiman, L., Friedman, J. H., Olshen, R. A., & Stone, C. J. (1984). Classification and regression trees. Belmont, CA: Wadsworth. *International Group*, **432**, 151–166.

[10] Choromanska, A., LeCun, Y., & Arous, G. B. (2015). Open problem: The landscape of the loss surfaces of multilayer networks. In *Conference on Learning Theory* (pp. 1756–1760).

[11] Cortes, C., & Vapnik, V. (1995). Support-vector networks. *Machine learning*, **20** (3), 273–297.

[12] Cybenko, G. (1989). Approximation by superpositions of a sigmoidal function. *Mathematics of control, signals and systems*, **2** (4), 303–314.

[13] Donoho, D. (2017). 50 years of data science. *Journal of Computational and Graphical Statistics* **26** (4), 745–766.

[14] Fisher, R. A. (1936). The use of multiple measurements in taxonomic problems. *Annals of eugenics*, **7** (2), 179–188.

[15] Frees, E. W., Derrig, R. A., & Meyers, G. (Eds.). (2014). *Predictive modeling applications in actuarial science* (Vol. 1). Cambridge University Press.

[16] Frees, E. W., Derrig, R. A., & Meyers, G. (Eds.). (2016). *Predictive modeling applications in actuarial science* (Vol. 2). Cambridge University Press.

[17] Friedman, J. H. (2001). Greedy function approximation: a gradient boosting machine. *Annals of statistics*, 1189–1232.

[18] Goldstein, A., Kapelner, A., Bleich, J., & Pitkin, E. (2015). Peeking inside the black box: Visualizing statistical learning with plots of individual conditional expectation. *Journal of Computational and Graphical Statistics*, **24** (1), 44–65.

[19] Harrison Jr, D., & Rubinfeld, D. L. (1978). Hedonic housing prices and the demand for clean air. *Journal of environmental economics and management*, **5** (1), 81–102.

[20] Hastie, T., Tibshirani, R., & Friedman, J. (2014). 統計的学習の基礎: データマイニング・推論・予測. 共立出版.

[21] Hinton, G. E., Osindero, S., & Teh, Y. W. (2006). A fast learning algorithm for deep belief nets. *Neural computation*, **18** (7), 1527–1554.

[22] Hoerl, A. E., & Kennard, R. W. (1970). Ridge regression: Biased estimation for nonorthogonal problems. *Technometrics*, **12** (1), 55–67.

[23] James, G., Daniela Witten, D., Hastie, T., & Tibshirani, R. (2018). R による統計的学習入門. 朝倉書店.

[24] Kuhn, M., & Johnson, K. (2013). *Applied predictive modeling.* New York: Springer.

[25] Laney, D. (2001). 3D data management: Controlling data volume, velocity and variety. *META group research note*, **6** (70), 1.

[26] Nelder, J. A., & Wedderburn, R. W. (1972). Generalized linear models. *Journal of the Royal Statistical Society: Series A (General)*, **135** (3), 370–384.

[27] Pearson, K. (1901). LIII. On lines and planes of closest fit to systems of points in space. *The London, Edinburgh, and Dublin Philosophical Magazine and Journal of Science*, **2** (11), 559–572.

[28] Shmueli, G. (2010). To explain or to predict?. *Statistical science*, **25** (3), 289–310.

[29] Simard, P. Y., Steinkraus, D., & Platt, J. C. (2003). Best practices for convolutional neural networks applied to visual document analysis. In *Icdar* (Vol. 3, No. 2003).

[30] Stone, M. (1974). Cross-validatory choice and assessment of statistical predictions. *Journal of the Royal Statistical Society: Series B (Methodological)*, **36** (2), 111–133.

[31] Stone, M. (1977). An asymptotic equivalence of choice of model by cross-validation and Akaike's criterion. *Journal of the Royal Statistical Society: Series B (Methodological)*, **39** (1), 44–47.

[32] Tibshirani, R. (1996). Regression shrinkage and selection via the lasso. *Journal of the Royal Statistical Society: Series B (Methodological)*, **58** (1), 267–288.

[33] Tibshirani, R. (2011). Regression shrinkage and selection via the lasso: a retrospective. *Journal of the Royal Statistical Society: Series B (Statistical Methodology)*, **73** (3), 273–282.

[34] Tibshirani, R., Saunders, M., Rosset, S., Zhu, J., & Knight, K. (2005). Sparsity and smoothness via the fused lasso. *Journal of the Royal Statistical Society: Series B (Statistical Methodology)*, **67** (1), 91–108.

[35] Tikhonov, A. N. (1943). On the stability of inverse problems. In *Dokl. Akad. Nauk SSSR* (Vol. 39, pp. 195–198).（もとはロシア語）

[36] Vapnik, V. N., & Lerner, A. Y. (1963). Pattern recognition using generalized portrait method. *Automation and remote control*, **24**, 774–780.（もとはロシア語）

[37] Zou, H., & Hastie, T. (2005). Regularization and variable selection via the elastic net. *Journal of the Royal Statistical Society: Series B (Statistical Methodology)*, **67**(2), 301–320.

[38] 川野秀一，廣瀬慧，立石正平，小西貞則．(2010)．回帰モデリングと L1 型正則化法の最近の展開．日本統計学会誌，**39** (2), 211–242.

[39] 小西貞則，北川源四郎．(2004)．情報量規準，朝倉書店．

[40] ビショップ, C. M. (2012a)．パターン認識と機械学習 上．丸善出版．

[41] ビショップ, C. M. (2012b)．パターン認識と機械学習 下．丸善出版．

[42] 藤田卓，田中豊人，岩沢宏和．(2019)．AGLM：アクチュアリー実務のためのデータサイエンスの技術を用いた GLM の拡張．リスクと保険，**15**, 45–73.

# 索　引

## R関連


- 50, 75, 241
! 50
" " 22, 79, 227, 238
# 59, 77, 239
$ 15, 85
%*% 75
& 195
( ) 15, 74
* 180, 241
/ 88, 227, 241
: 51, 76, 227, 240
:: 240
; 123, 245
? 52, 238
[ ] 50, 84
[[ ]] 157
\n 23, 240
\t 127
^ 18, 135, 240
{ } 97, 240
~ 15
~ ( ) ^ 2 136
~ . 77
+ 15, 237
<- 15, 73, 224, 238
= 16, 76, 240
== 50, 85

abline 関数 116, 241
aglm パッケージ 214
　cv.aglm 関数 216
AIC 関数 23
apply 関数 97
as.character 関数 213
as.factor 関数 86, 194
as.integer 関数 213, 247
as.matrix 関数 86
as.numeric 関数 51, 86
as.ordered 関数 213
as.vector 関数 203
ausprivauto0405 データセット
　→CASdatasets パッケージ

barplot 関数 112
binomial →family オブジェクト
Boston データセット
　→MASS パッケージ

c 関数 52, 240, 247
caret パッケージ 168
　train 関数 168
　trainControl 関数 168
cars データセット 77
CASdatasets パッケージ 93
　ausprivauto0405 データセット 94
cat 関数 23, 240
cbind 関数 215
class 関数 79
coef 関数 136
colnames 関数 50
cor 関数 50
corrplot 関数
　→corrplot パッケージ
corrplot パッケージ 99
　corrplot 関数 99
curve 関数 16, 241
cv.aglm 関数 →aglm パッケージ
cv.glmnet 関数
　→glmnetUtils パッケージ

data 関数 92
data.frame 関数 147, 247
datasets パッケージ 81, 83
density 関数 56
detectCores 関数
　　→parallel パッケージ
devtools パッケージ 214
　install_github 関数 214
dim 関数 93
doParallel パッケージ 166
　registerDoParallel 関数 166

exp 関数 199
expand.grid 関数 168

factor 関数 247
FALSE 54, 87, 247
family オブジェクト 22
　binomial 191
　Gamma 22
　poisson 199
fitted 関数 16
for 関数 103, 240
format 関数 164
function 関数 97, 241

gam 関数 →mgcv パッケージ
Gamma →family オブジェクト
getwd 関数 88
glmnetUtils パッケージ 144
　cv.glmnet 関数 144
glm 関数 22, 76

head 関数 86
hist 関数 53

I 関数 19
identity 関数 16
ifelse 関数 183
importance 関数
　　→randomForset パッケージ
install_github 関数
　　→devtools パッケージ
install.packages 関数 92, 235
iris データセット 48
is.na 関数 97

kmeans 関数 59

legend 関数 51
length 関数 101
levels 関数 51, 86, 247
library 関数 57, 235
lines 関数 52
list 関数 121, 247
lm 関数 15
load 関数 90
log 関数 22
lowess 関数 52
ls 関数 246

makePSOCKcluster 関数
　　→parallel パッケージ
MASS パッケージ 91
　Boston データセット 91, 95
matrix 関数 76, 247
max 関数 107
mean 関数 111
methods 関数 79
mgcv パッケージ 149
　gam 関数 149
min 関数 147
mlbench パッケージ 92, 235
　Sonar データセット 92

NA 97
names 関数 107
ncol 関数 98
nrow 関数 98

ordered 関数 247

pairs.panels 関数
　　→psych パッケージ
par 関数 103
parallel パッケージ 166
　detectCores 関数 166
　makePSOCKcluster 関数 166
　stopCluster 関数 166
partial 関数 →pdp パッケージ
paste 関数 103
paste0 関数 144
pdp パッケージ 114
　partial 関数 114
　plotPartial 関数 114
performance 関数→ROCR パッケージ
pi 74, 238
plot 関数 16, 51
plot.data.frame 関数 52
plot.ecdf 関数 56
plotPartial 関数 →pdp パッケージ
poisson →family オブジェクト
prcomp 関数 61
predict 関数 80
prediction 関数 →ROCR パッケージ
print 関数 224
psych パッケージ 57
　pairs.panels 関数 57

quantile 関数 50

randomForest 関数
　　→randomForest パッケージ
randomForest パッケージ 111
　importance 関数 112
　randomForest 関数 111
range 関数 117
ranger 関数 →ranger パッケージ
ranger パッケージ 167
　ranger 関数 167
rbind 関数 147
read.csv 関数 88
registerDoParallel 関数
　　→doParallel パッケージ
rep 関数 164
return 関数 144, 241
rm 関数 90, 246
rnorm 関数 240
ROCR パッケージ 185
　performance 関数 185
　prediction 関数 185
round 関数 98
rownames 関数 112
rpart 関数 →rpart パッケージ
rpart パッケージ 126
　rpart 関数 126

s 関数 →mgcv パッケージ
sample 関数 98
save 関数 90
scale 関数 59
seq 関数 75, 237
set.seed 関数 59, 240
setwd 関数 227
sign 関数 238
sin 関数 242
solve 関数 141
Sonar データセット
　　→mlbench パッケージ
sort 関数 112
split 関数 155
sqrt 関数 73, 224, 241
stats パッケージ 240
step 関数 138
stopCluster 関数
　　→parallel パッケージ
str 関数 48, 75
sum 関数 97, 240
summary 関数 49, 78
summary.glm 関数 79

system.time 関数 164

T 247
t 関数 75
table 関数 107
text 関数 127
train 関数 ⟶caret パッケージ
trainControl 関数
⟶caret パッケージ
trees データセット 15
TRUE 16, 247

unique 関数 101

var 関数 50
vector 関数 160
View 関数 83

which 関数 213
which.max 関数 107
which.min 関数 128

xgboost 関数 ⟶xgboost パッケージ
xgboost パッケージ 130
xgboost 関数 130

## 数字

2 重の CV 68
2 乗誤差 32
2 乗残差 31
3V 4

## 英字

AGLM 213
AIC 10
AUC 183

CART 126
CDA 46
CRAN 92
CV によるモデル比較 66
CV によるモデル比較（簡易版） 67

EDA 46

fused LASSO 215

GAM 149
GLM 14, 135

ICE 114

$k$ 平均法 58

$L_1$ ノルム 142
$L_2$ ノルム 142
Log Loss 34
LOOCV 45
lowess 曲線 106

MAE 32
MSE 32

one-way 回帰 47

PDP 114

RMSE 32
RMSR 32
ROC 曲線 183

Variety 5
Velocity 5
Volume 4

## あ行

アインシュタイン 38
赤池弘次 9
アンサンブルモデル 134

異種アンサンブルモデル 135
逸脱度 33
一般化加法モデル 149
一般化線形モデル 14, 135
入れ子 CV 68

オブジェクト 73

## か行

カーネル平滑化 55
回帰木 126
回帰係数 27
回帰モデル 28
回帰問題 27
解釈性 124
過学習 34
学習する 25
学習データ 25
学習データセット 25
可視化 51
過剰適合 34
課題設定 38
加法的 29
加法モデル 29

教師あり学習 27
教師なし学習 27
偽陽率 184
局外パラメータ 31
局所平滑化曲線 106

クラスタリング 58
グリッドサーチ 168
クロスバリデーション 43
訓練する 25

経験分布関数 56
ケタリング 38
決定木 126

交互作用項 29
構造 74
誤差 32
コモン・タスク・フレームワーク 7

## さ行

作業ディレクトリ 226
サポートベクトルマシン 133
残差 31

ジェンキンス 36
次元削減 61
指数型分布族 20
主成分 60
主成分分析 60
順序型 213
情報量規準 9
シリアライズ 90
真陽率 184

数値化 47
ステップワイズ法 138

生成モデリング文化 7
正則化 GLM 139
正則化回帰 139
説得力 124
切片項 27
説明変数 27
説明変数選択 63
線形回帰モデル 27
線形項 151

層化 45
層化サンプリング 45
総称的関数 77

## た行

第 1 主成分 60
第 2 主成分 60
第 3 主成分 60
対数リンク 22
単純性 124

中心化 60
チューニング 43, 64

ディープラーニング 8, 133
ティブシラニ 140

データクレンジング 40
データの前処理 40
データの入手 39
データの分割 42
データフレーム 82
適合値 26
適合不足 34
適用データ 26
デフォルト（値） 243
テューキー 6

同種アンサンブルモデル 135
特徴量 25
特徴量エンジニアリング 41
特徴量重要度 112
ドノホー 6

## な行

ニューラルネットワーク 131

## は行

ハイパーパラメータ 31
パターン認識 12
罰則付回帰 139
パラメータ 30
バリデーションデータ 44
判別問題 27

ピアソン 60
ヒストグラム 53
非線形項 151
ビッグデータ 4
秘伝のソース 7
標本サイズ 25

フィッシャー 48
ブースティング 130
ブースティング木 129
部分依存関数 117
部分残差 151
ブライマン 6
ブラックボックス 30
フリードマン 114, 129
不良設定問題 140
分類木 126
分類問題 27

平滑項 149
平均2乗残差 32
ベルヌーイ逸脱度 34
変数選択 29

ポアソン逸脱度 34
ホールドアウト 43
ホールドアウトデータ 43
ホールドアウトによるモデル比較 65
ボックス 11, 36

## ま行

目的変数 27
モデリング 3

## や行

要約統計量 47
予測 3
予測誤差 32
予測残差 31
予測の視点 10
予測モデリング文化 7

## ら行

ランダムフォレスト 128

リスク 12
リスクを扱うための予測モデリング 14
リッジ正則化 142
領域知識 39

ロジスティック回帰 190
ロジスティック関数 190
ロジット関数 190

■著者紹介

## 岩沢（いわさわ）　宏和（ひろかず）

1990年3月　東京大学工学部計数工学科卒業
1992年　日本アクチュアリー会正会員資格取得（年金アクチュアリー）
1990年4月〜1998年9月　三菱信託銀行（現三菱UFJ信託銀行）勤務
2007年3月　東京都立大学大学院人文科学研究科博士課程 単位取得退学
現在，早稲田大学大学院会計研究科客員教授，東京大学大学院経済学研究科非常勤講師をはじめ，日本アクチュアリー会の各種委員会の委員や，同会の各種講座・講演の講師などを務め，保険数理やデータサイエンスの教育，普及活動を活発に行っている．日本保険・年金リスク学会理事．

確率・統計関係の著書
『損害保険数理 第2版』（日本評論社，2022，共著）
『分布からはじめる確率・統計入門』（東京図書，2016）
『ホイヘンスが教えてくれる確率論』（技術評論社，2016）
『世界を変えた確率と統計のからくり134話』（SBクリエイティブ，2014）
『確率パズルの迷宮』（日本評論社，2014）
『確率のエッセンス』（技術評論社，2013）
『リスクを知るための確率・統計入門』（東京図書，2012）
『リスク・セオリーの基礎』（培風館，2010）

## 平松（ひらまつ）　雄司（ゆうじ）

東京大学理学部物理学科卒業，同大学大学院理学研究科物理学専攻修了．
国内電機大手に就職し研究・開発に携わった後，金融業界へと転身し，金融システム会社にてデリバティブクオンツ，国内大手損保グループにてリスクアクチュアリー業務に携わる．
現在は，アクサ生命保険株式会社にてシニアデータサイエンティストとして社内のデータ分析の促進に従事．
また，東京大学へ研究員としても出向中で，医療データの分析・研究を行っている．
日本アクチュアリー会準会員
Kaggle Competitions Master

著書
『Kaggleで勝つデータ分析の技術』（技術評論社，2019，共著）

入門 Rによる予測モデリング——機械学習を用いたリスク管理のために

2019年11月25日 第1刷発行
2023年7月25日 第2刷発行

著者 岩沢宏和・平松雄司
発行所 東京図書株式会社

〒102-0072 東京都千代田区飯田橋 3-11-19
振替 00140-4-13803 電話 03(3288)9461
http://www.tokyo-tosho.co.jp/

ISBN 978-4-489-02326-2